이런 과학 처음이야

이런 과학 처음이야

이한결 지음

세상 모든 일을 과학으로 보는 물리학자의 생각법

바다출판사

들어가는 말

과학은 어쩐지 멀리 있는 것처럼 보인다.

우주망원경이 보내오는 은하의 사진, 각종 미디어에서 흘러나오는 전문용어, 그리고 그것들을 너무나 당연한 듯 이야기하는 차갑고 깐깐해 보이는 사람들까지. 그런 풍경 속에서 과학은 늘 '저기 어딘가 먼 곳'에 있는 존재처럼 느껴진다.

하지만 과학이 멀리 있는 게 아니라, 우리가 가까이에 있는 과학을 너무 무심히 지나치는 것인지도 모른다. 우리가 온종일 붙들고 사는 일상적인 것들—체중계, 주식, SNS, 넷플릭스 등—도 역시 과학의 언어로 훨씬 더 흥미롭게 설명될 수 있으니 말이다.

이 책은 바로 그 '무심히 지나친 과학'을 다시 바라보는 시도에서 출발했다. 과학자에겐 사소한 순간이 갑자기 물리 문제로 보이기도 하고, 사회 현상을 확률 모형으로 설명하고 싶어지는 때가 있다. "이게 왜 이렇게 되는 거지?" 하고 무심코 던진 질문이 어느새 상상력을 자극하는 작은 사고실험으로 자라나는 순간들이다.

물리학자 알베르트 아인슈타인은 '일생에서 가장 행복했던 생각'으로 다음을 꼽았다고 전해진다.

'지붕에서 떨어지고 있는 수리공에 대한 상상'

앞뒤 맥락을 모두 잘라내고 보면 다소 이상한 말처럼 들린다. 지붕에서 발을 헛디뎌 떨어지고 있는 사람이 이 말을 들으면 화를 낼 것이 분명하다. 하지만 아인슈타인은 창밖에서 지붕을 칠하던 수리공을 바라보던 일상적인 순간을, 흥미로운 사고 실험의 출발점으로 삼았다.

그는 중력이 있는 환경에서 자유낙하하는 물체가 느끼는 감각은, 무중력 상태에서 일정한 속도로 움직이는 물체의 감각과 다를 바 없다는 통찰에 도달했다. 그리고 이 행복한 상상은 상대성이론과 중력이론으로 결실을 맺었다.

이런 경험을 전문 과학자만 하는 것은 아니다. 누구에게나 비슷한 순간은 있다. 전혀 수학이나 과학에 관심이 없는 사람일지라도, 사랑에 빠질 때는 통계학자보다 더 복잡한 시뮬레이션을 돌려보고, 주가가 떨어질 때는 물리학자보다 더 빠르게 지수적 증가를 이해하곤 한다.

우리 인간은 모두 일상에서 작은 과학자다. 다만 그 사실을 자주 잊고 살 뿐이다. 그래서 이 책에는 그런 '잊고 지내던 과학자의 마음'을 다시 깨워줄 엉뚱한 생각들을 모아 보았다.

대머리와 부동산, 힙스터와 양자컴퓨터,
주식 시장의 혼란과 사랑의 난해함,
기후의 변화와 멍청함의 전염성까지.

생각의 깊이와 무게는 제각각이지만, 출발점은 언제나 하나의 질문이다.

"이건 왜 이런 거지? 그럼 이렇게도 생각해볼 수 있지 않을까?"

이 단순한 질문이 일상의 틈새를 살짝 비틀어 그 사이로 과학의 빛이 새어 나오게 한다.

거창한 지식을 전하려는 것은 아니다. 다만 잠시 발걸음을 멈추고, 당연하게, 또는 무심히 지나쳤던 풍경을 새롭게 바라보는 시간을 잠깐이나마 선물할 수 있다면 좋겠다. 과학은 원래 그렇게 시작된다. 정답을 아는 사람보다 궁금한 사람이 먼저 그 틈새를 들여다본다.

그 조그마한 틈 너머에서 조금 낯설지만, 재미있고 따뜻한 과학을 만나게 되기를 바란다. 아마 그 순간, 당신도 이렇게 말하게 될 것이다.

"이런 과학, 처음이야."

차례

3부 과학자가 멸망에 대처하는 방법

1부

요즘 것들의 물리학

1. 대머리의 수학적 정의

대학원 연구실의 밤은 어떨까? 대부분 불철주야 실험에 몰두하며 논문을 읽고 데이터를 분석하는 일에 매진하는 대학원생들을 떠올릴 것이다. 표면적으로는 맞는 추론이다. 하지만 경험상 실제 연구실의 밤은 보편적인 상상과는 거리가 멀다. 나는 물리학과의 한 연구실에서 학위 과정을 보냈다. 많은 경우 실험은 몇 주에서 몇 개월 단위로 진행되기 마련이다. 그 과정에서 때때로 밤을 지새우기도 한다. 하지만 밤을 새우는 시간 내내 치열하게 뭔가에 몰두하는 것은 불가능에 가깝다. 인간의 집중력에는 한계가 있다. 낮 동안 이미 수업과 과제, 실험과 논문 작성으로 피폐해진 대학원생의 두뇌는 새벽 시간에 정상적으로 작동하지 못한다. 실험 결과를 기다리거나 이튿날까지 완성해야 하는 발표 자료가 있다 보니 어쩔 수 없이 뜬눈으로 밤을 지새울 뿐이다.

심야의 연구실에서 대머리를 걱정하다

24시간 이상 잠을 자지 않은 사람을 데리고 운전 시험을 치르게 한 도로교통공단의 연구는, 그것이 소주 5잔 정도를 마신 것과 비슷한 상태라는 사실을 보여줬다. 밤을 지새우는 불쌍한 대학원생 역시 만취한 사람과 다를 바 없다. 반응속도와 판단력은 절반 이하로 떨어지고, 평소라면 떠올리지 않을 이상한 생각을 하게 된다. 함께 뜬눈으로 연구실에 남아 있는 가여운 대학원생이 몇 명 더 있다면, 그 모습은 더 가관이다. 각자 기약 없는 실험 결과를 기다리며 대부분의 시간 동안 시답잖은 헛소리들을 주고받는다. 그 광경은 마치 편의점 앞 노상 테이블 위에 소주병을 쌓아놓고 개똥철학을 늘어놓는 취객들의 모습과 흡사하다. 차이가 있다면 가끔 전문 용어들이 등장한다는 것 정도.

시간이 흘러 박사학위 논문 최종 심사를 마치던 때의 일이다. 함께 졸업을 앞두게 된 실험실 동기와 이런저런 잡담을 나누고 있었다. 사람의 간사한 기억은 결실을 앞둔 과정을 미화하곤 한다. 보통의 밤이었다면 여느 때처럼 불평불만을 늘어놓고 있었겠지만, 졸업이 어느 정도 확정된 터라 과거의 고생이 낭만적인 추억처럼 느껴졌다. 동기 역시 비슷한 감정을 느꼈는지 그날의 대화 주제는 추억팔이에 가까웠다. 그러던 중 친구의 말이 잠겨 있던 기억의 조각을 끌어 올렸다.

"신입생 때 네가 '대머리 얘기' 꺼낸 거 생각난다."

사실 바로 기억해내지 못했다. 술에 취한 상태에서 통화 내용이 잘 기억나지 않는 것처럼, 밤샘에서 기인한 유사 취중 상태에서 나눈 이야기는 금세 잊히기 마련이다. 하지만 이내 이어지는 친구의 설명을 듣다 보니, 그 깊이 있고 치열했던 수리철학적 논의가 다시금 떠오르기 시작했다.

논의의 시작은 다음과 같다. '자기가 대머리가 되어가고 있다는 사실을 알 수 있을까?' 관찰 시간이 충분히 길다면, 이는 식은 죽 먹기다. 몇 년 정도의 시간 간격을 두고 머리 모양을 일정하게 유지한 채 거울 앞의 내 모습을 비교해 보면 쉽사리 알아챌 수 있을 것이다. 그런데 하루 간격이라면 어떨까? 머리카락의 수는 통계상 8만~12만 올 정도로 개인차가 큰 편이다. 하루 만에 몇천 올의 모발을 잃지 않는 이상 알아차리기는 어렵다. 스스로 대머리가 되어가고 있다는 사실을 단기간에 인지하려면, 매일 모발의 수를 센 후 며칠간 변화 양상을 추적해야 한다. 그러나 매일 몇만 올의 머리카락을 세는 것은 거의 불가능에 가깝다. 1초에 한 올씩 센다고 해도 그 수가 8만이라면 22시간이 넘게 걸린다.

실험물리학자들은 이렇게 전체 시스템을 한 번에 파악하기 어려운 경우, 변화된 양만을 조사하는 방법을 고안한다. 이 경우 변화에 기여하는 변수는 하루에 새롭게 자라나는, 그리고 빠져버린 머리카락의 수 두 가지다. 빠져버린 머리카락을 세는 것은 비교적 간단하다. 종일 깨끗한 작은 방에서만 생활한 뒤, 이튿날 청소하며 나온 모발의 수를 세면 된다. 또는 머리를 온전히 덮는 샤워용 모자를 쓰고 생활한 뒤 모자 안에서 빠진 머리카락 수를 셀 수도 있다. 물론 귀찮은 일이지만, 22시간 동안 스스로 머리카락을 세는 것보단 쉬워 보인다. 새롭게 생겨난 모발의 수를 파악하는 것은 조금 더 까다롭다. 한 가지 방법은 염색을 이용하는 것이다. 모든 모발을 균일하게 염색하고, 일주일 혹은 한 달 뒤 염색되지 않은 모발을 찾아 세는 것이다. 그리고 그 수를 기간으로 나누면 하루 평균 새롭게 생성되는 모발의 수를 알 수 있다.

대머리를 위한 사고실험

이미 논의는 산으로 가고 있었지만, 두 대학원생은 좀 더 현실적인 방법을 고안해냈다. '표본 추출' 방식의 통계적 기술이다. 우선 두피의 전 영역이 고르다고 가정한다. 이 가정에 따르면 두피의 특정 영역이 가지는 성질이 전체 두피의 특성을 대표할 수 있다. 즉 특정 영역의 모발 수 변화를 알면 전체 모발 수의 변화도 추적할 수 있다는 것이다. (무슨 수를 쓰든) 두피의 작은 영역을 설정하고 단기간 새롭게 생성된 모발보다 사라진 모발의 수가 많다고 파악할 수 있다면, 대머리가 되어가고 있다는 사실을 엄밀하게 알 수 있다. 수면 부족에 시달리는 대학원생들이 도대체 왜 이런 논의를 하고 있는지 알 도리는 없다. 중요한 건 그들이 나름의 직업정신을 발휘하여 주어진 가상의 문제상황을 해결하고자 하며, 그 과정에서 재미를 느끼고 있다는 점이다.

사실 그들의 헛소리는 이제부터 시작이다. 문제가 해결되었다고 생각한 순간 누군가 의문을 던진다. "좀 이상하지 않아? 새롭게 생긴 모발의 수와 사라진 모발의 수가 정확히 같다고 해도, 머리카락의 평균 길이는 변할 수 있잖아?" 그렇다. 빠진 머리카락들은 대부분 길이가 수 센티미터일 것이다. 하지만 새롭게 생겨난 머리는 거의 0에 가까운 길이부터 시작한다. 하루 동안 빠진 모발과 새로운 모발의 수가 정확히 같다고 해도, 모발 길이의 평균은 계속해서 감소할 것이다.

이해를 돕기 위해 열 가닥의 머리카락이 있는 위대로운 중년을 상상해보자. 이 사람은 매일 두 가닥의 모발이 빠지고 두 가닥이 새롭게 자라난다. 관찰을 시작한 첫날, 모발 열 가닥의 길이가 각각 10센티미터였다면, 모발의 총길이는 1미터일 것이다. 10센티미터짜리 모발 두 가닥이 빠지고 0센티미터짜리 모발 두 가닥이 생겨난다면 하루 뒤 총 모발 길이는 80센티미터가 되고 만다.

머리카락 개수만 봐서는 탈모가 아니지만, 길이를 따져보면 점점 대머리가 되는 것이다. 여기서 간과한 사실은 무

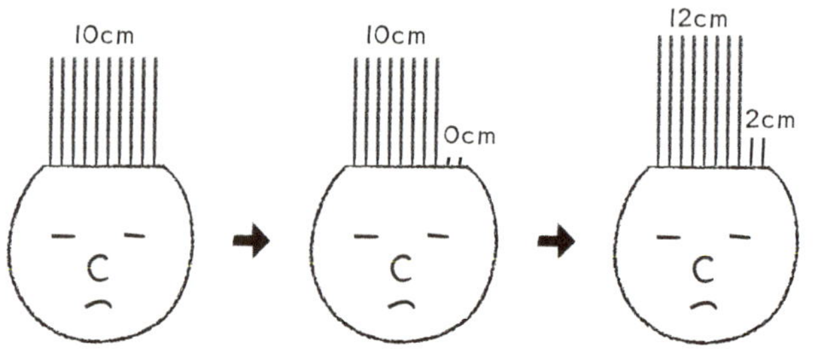

엇일까? 바로 모발의 수만 고려하고, 모발들이 점점 자라나는 양을 놓친 것이다. 논의에 새롭게 추가할 변수가 생겨났다. 대머리가 되지 않으려면, 머리카락의 수가 일정하게 유지되는 것과 더불어 일정량의 모발 성장도 필요하다. 그렇다면 하루에 얼마나 머리 길이가 늘어나야 할까? 간단히 결과만 말하면, 빠진 모발 길이의 총합을 전체 모발의 수로 나눈 만큼 각 모발이 길어져야 한다. 우리 위태로운 중년의 경우, 빠진 모발 길이의 총합은 20센티미터이고, 전체 모발은 열 가닥이므로, 각 모발이 2센티미터씩 자란다면 대머리가 되지 않을 수 있다.

대머리 시뮬레이션의 끝은?

이쯤이면 대머리에 대한 논의를 마쳐도 충분할 것 같다. 하지만 이미 대머리 시뮬레이션에 푹 빠져버린 두 명의 대학

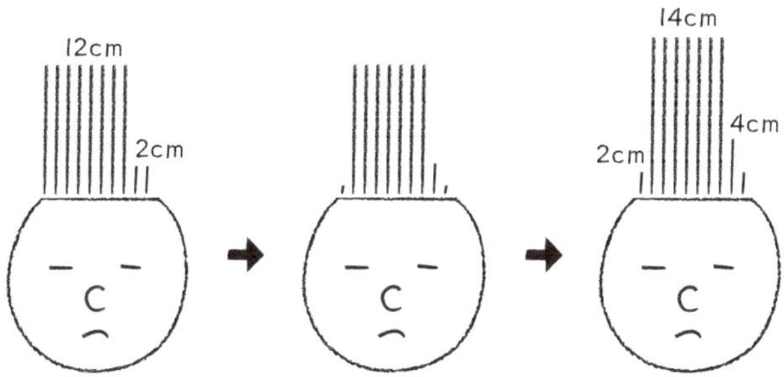

원생은 여기서 멈추지 않는다. 열 가닥의 머리카락 예시에는 흥미로운 사실이 하나 있다. 머리가 빠지고 생겨나고 자라는 과정을 반복했을 때의 결과이다. 둘째 날에 중년의 머리에는 2센티미터짜리 두 가닥, 12센티미터짜리 여덟 가닥의 모발이 있었다. 이날 빠지게 되는 두 가닥의 모발은 짧은 녀석일 수도, 긴 녀석일 수도 있다. 길이에 상관없이 머리가 골고루 빠진다고 가정하면, 다음날에는 2센티미터, 4센티미터, 14센티미터의 모발이 뒤죽박죽 섞일 것이다.

날이 갈수록 각 머리카락의 길이는 천차만별이 되어간다. 수학적으로 표현하면, 머리 길이의 '분산이 증가'한다. 머리 길이의 평균은 약 10센티미터로 유지되고 그 개수도 열 가닥으로 유지되지만 시간이 지날수록 각 머리 길이의 들쭉날쭉함은 증가하는 상황이다. 물리학자는 이런 상황에서 극한의 개념을 도입하는 것을 즐긴다. 어떤 변수를 0 또는 무한에 가까운 곳으로 보낸 후 결과를 상상해보는 것이다. 이번에 극한으로 보낼 변수는 머리 길이의 분산이다. 극한의 상

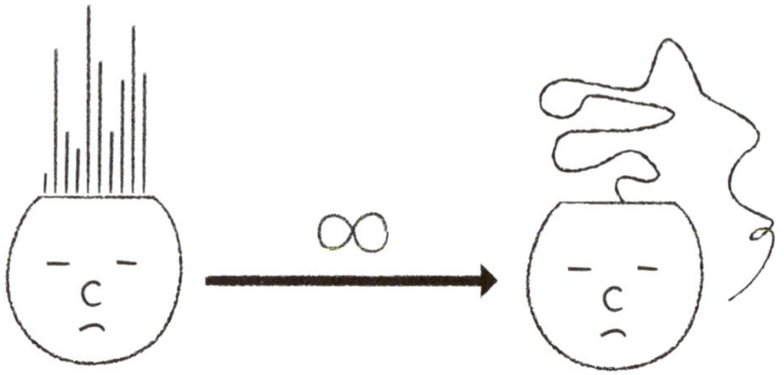

황에서 가여운 중년의 머리 상태는 어떻게 변할까? 열 가닥 모발의 평균은 10센티미터로 유지되었지만, 분산이 최대인 분포를 상상하면 된다. 수학적으로는, 1미터짜리 한 가닥만 남고, 나머지는 0센티미터에 가까운 경우가 된다. 실로 우스꽝스러운 모습이 아닐 수 없다. 아마 이 인상적인 논의의 결과가 동기의 기억에 깊게 남아 있었나 보다.

왜 현실에서는 머리가 이런 재밌는 모습이 되지 않을까? 한 가지 이유는 머리는 길이와 무관하게 아무렇게나 빠지는 것이 아니라, 모낭의 활동성이 줄어 성장이 멈춘 것부터 빠진다는 생물학적인 사실이다. 이 경우 분산이 무한히 증가하지 않고 어느 수준에 수렴한다. 또한 우리는 때때로 미용실을 방문해 머리 길이의 분산을 의도적으로 감소시킨다.

생각난 김에 미용실에 가야겠다. 분산이 큰 머리는 사회통념상 게으른 것으로 여겨지기 때문이다. 그리고 이를 방치하면 1미터짜리 긴 머리만 남은 중년이 될지도 모른다.

2. 빛의 속도는 충분히 빠른가?

밀리초가 가르는 승부

나는 컴퓨터 게임을 즐겨한다. 특히 실시간 온라인 게임을 많이 한다. 온라인 게임에서는 '핑Ping'이라는 개념이 중요하다. 원래 핑은 인터넷 네트워크 테스트 도구의 일종이다. 보통 한 네트워크 지점에서 다른 네트워크 지점으로 신호가 왕복하는 데 걸리는 시간을 의미한다. 보낸 신호가 돌아온다면 일단 네트워크 연결이 정상적으로 된 것이고, 그 시간이 짧을수록 연결이 효율적으로 구성된 것이다. 온라인 게임의 경우 핑은 사용자 컴퓨터에서 보낸 신호가 게임 회사가 관리하는 서버에 도달한 후 처리되고, 서버가 응답한 신호가 다시 사용자 컴퓨터로 돌아오는 데 걸리는 시간을 의미한다. 게임 내에서 그 과정을 예로 들면 다음과 같다.

① 사용자가 자신의 컴퓨터에서 가상의 캐릭터에 움직이라는 명령을 내린다.

② 그 명령이 서버에 도달한다.

③ 서버는 명령에 따라 움직일 내 캐릭터의 위치를 확인한다.

④ 서버는 사용자의 컴퓨터에 새롭게 업데이트된 위치를 보내준다.

⑤ 여기까지 걸린 시간이 핑이다.

⑥ 사용자의 컴퓨터는 서버로부터 받은 캐릭터의 위치를 사용자에게 출력한다.

내 컴퓨터 안에서만 명령을 처리하면 간단할 일인데, 왜 이런 복잡한 과정을 거칠까? 실시간 온라인 게임은 모든 사용자가 각자 캐릭터의 위치를 동시에 공유하고 있어야 하기 때문이다. 내 화면에는 내 캐릭터뿐만 아니라 다른 사용자의 캐릭터도 보여야 한다. 그리고 게임 회사의 서버는 각 사용자가 자신의 캐릭터에 내린 모든 명령을 수집하여 다시 각자의 컴퓨터에 동시에 뿌려주는 역할을 맡는다. 핑은 이 과정에서 소요되는 시간이므로, 핑이 낮을수록(신호가 오가는 시간이 짧을수록) 내 화면에는 내가 내린 명령을 캐릭터가 즉각적으로 수행하는 것처럼 보인다.

보통 핑의 단위는 밀리초(1000분의 1초)로 나타낸다. 핑이 100밀리초가 넘어가면 게임의 움직임이 버벅거려 게임을 제대로 즐기지 못할 수준이고, 40밀리초를 넘지 않으면 쾌적한 편이다. 100밀리초와 40밀리초는 0.1초와 0.04초의 매우 짧은 시간이지만, 민감한 게이머들은 이 차이를 충분히 체감할 수 있다. 게임을 즐기지 않는 사람이 보면 '이걸 느낀다고?'라며 의심할 수도 있다. 하지만 이는 실제로 의미 있는 시간 지연이다.

이것이 사람의 반응속도와 비슷한 범위의 시간대이기 때문이다. 훈련받지 않은 일반인의 경우 어떤 상황을 인지하고 근육이 동작하는 데 최소 200~350밀리초(0.2~0.35초)의 시간이 걸린다. 잘 훈련된 운동선수의 반응시간은 150~200밀리초 정도이다. 훈련으로 50~100밀리초 정도는 줄일 수 있다. 하지만 국제육상연맹은 총성이 울리고 100밀리초 이내에 선수가 출발하면 부정 출발로 간주한다. 사람이 반응할 수 없는 속도라는 이유에서다. 그런데 훈련을 통해 반응속도를 단축할 수 있다면 누군가는 100밀리초 이내의 빠른 반응속도를 연습으로 달성했는데도 억울하게 실격당하는 경우가 있지 않을까? 그럴 일은 없다. 100밀리초라는 수치는 인간의 신경신호 전달 속도를 고려하여 설정된 값이기 때문이다.

신경세포를 따라 전달되는 전기화학적 신경신호는 빠른 경우 1밀리초당 12센티미터 정도의 속도로 전달될 수 있다. 소리 신호를 전달하는 청각 신경과 근육에 명령을 내리는 운동 신경의 경우 조금 더 느려 1밀리초당 6센티미터의 속도로 신경을 따라 이동한다. 게다가 신경은 뇌에서 몸의 각 근육에 일직선으로 연결되어 있지 않고, 복잡한 경로를 가지고 있다. 총성이 뇌에 인지되고, 뇌의 명령이 발끝까지 퍼져 있는 온몸의 근육세포에 전달되고, 각각의 근육세포가 활성화 준비를 마치는 것에만 약 80밀리초가 소요된다. 사실 이것도 훈련을 통해 신경 전달 속도가 향상된 프로 선수의 경우고, 일반인의 경우는 훨씬 느리다. 따라서 뇌가 총성에 대해 판단하고 명령을 내리는 시간과, 근육들이 실제로 작동하는 시간을 고려하면 100밀리초의 반응속도가 인간의 신체가 가진 이론적 한계다.

왜 내 캐릭터만 한 박자 느릴까?

다시 온라인 게임 얘기로 돌아가보자. 게이머의 긴장감을 높이기 위해, 온라인 게임은 보통 400밀리초(0.4초) 이내의 반응시간을 보이도록 설계된다. 포탄이 날아오는 가상의 전장에서 400밀리초 안에 포탄을 보고 판단하고 명령을 정확하게 내려서 공격을 피해내거나 반격했을 때 긴장감과 성취감을 느끼도록 디자인되는 것이다. 이런 상황에서 '핑'이 중요해진다. 일반적인 게이머의 생물학적 반응속도는 200~350밀리초이기에, 400밀리초 안에 반응하려면 50~200

밀리초의 여유 시간밖에 없다. 그런데 내가 내린 명령이 서버를 거쳐 실제로 캐릭터가 움직이게 되기까지 100밀리초 이상의 시간이 걸린다면, 게이머는 매우 불쾌한 경험을 하게 된다. '분명 보고 피했는데, 왜 맞았지?' 하는 생각이 드는 것이다. 핑이 40밀리초 이하로 잘 관리되는 게임은 훨씬 쾌적하게 느껴진다. 다행히 초고속 인터넷이 잘 깔린 한국의 경우, 구식 인터넷 설비를 사용하는 환경만 아니라면 온라인 게임을 특별한 불편함 없이 재밌게 즐길 수 있다. 하지만 전 세계를 대상으로 서비스하는 게임이라면 상황이 다르다.

미국에 살던 시절, 나는 종종 한국의 친구들에게 오랜만에 게임 몇 판 하자는 연락을 받곤 했다. 현실 공간의 제약을 넘어 멀리 떨어진 사람들과도 놀이를 즐길 수 있다는 것이 온라인 게임의 장점 아니겠는가. 그러나 친구들이 있는 한국의 서버에 접속하여 게임을 시작하자, 바로 문제를 느낄 수 있었다. 핑이 200밀리초를 훌쩍 넘었다. 내가 조종하는 캐릭터는 반응이 느린 나무늘보처럼 0.2초 전에 내린 명령을 수행하고 있었다. 이는 총탄이 날아드는 전장에서 치명적인 단점이었고, 도저히 정상적으로 게임을 진행할 수 없었다.

한국의 친구들과 게임을 즐기는 것은 불가능했지만, 물리적 거리가 가까운 미국 내의 친구들이었다면 상황이 달랐을까? 게임의 미국 서버에 접속하자 핑이 70밀리초 정도로 많이 내려갔음을 알 수 있었다. 정상적인 게임 플레이가 겨우 가능한 수준이었지만 여전히 불쾌한 시간 지연이다. 나는 한반도의 44배나 되는 미국 땅덩이 어디에 이 게임의 서버가 있는지 궁금해졌다. 검색해보니 서버는 시카고에 있었다. 내가 있던 곳은 샌프란시스코 근교였기에, 서버와의 물리적 거리는 약 3000킬로미터 정도였다.

이제 이해가 되기 시작했다. 인터넷 신호는 광케이블과 전선을 따라 빛과 전기 신호의 형태로 전달된다. 빛은 1초에 30만 킬로미터를 갈 수 있다. 전선을 따라 전파되는 전기 신호 역시 일종의 전자기파로, 빛의 속도로 전파된다. 샌프란시스코의 내 컴퓨터에서 보낸 신호가 최단 거리로 시카고를 찍고 다시 돌아오는 데에만 20밀리초가 소요된다. 인터넷 네트워크 중간의 중계소들과 서버에서 정보가 처리되는 시간을 고려하면 70밀리초의 핑은 미국 땅덩이에서 충분히 발생할 수 있는 수치였다. 시카고 근처의 아르곤국립연구소Argonne National Laboratory에 출장을 갔을 때, 이 가설이 궁금해진 나는 시카고의 호텔에서 게임에 접속해봤다. 그러자 핑이 40밀리초 수준으로 더 낮아졌다. 빛의 속도를 체감할 수 있다니.

빛도 너무 느리다

우리는 '빛의 속도'라는 표현을 거의 즉각적인 것을 묘사할 때 사용한다. 하지만 게임을 즐기는 사람에게 빛은 너무 느리다. 한국과 미국의 직선거리는 약 1만 킬로미터다. 빛의 속도로 왕복하는 데 70밀리초가 걸린다. 실제 인터넷망이 최단 거리로만 연결되지도 않았을 터이고, 중간에 수많은 네트워크 중계소에서 정보가 처리되는 시간도 있을 테니, 한국과 미국의 사용자가 둘 중 한 곳의 서버에서 작동하는 게임에서 공정하게 경쟁하는 것은 불가능하다. 이 정도면 '실시간' 온라인 게임이 아닌 '지연 시간' 온라인 게임이라 불러야 한다. 마치 신경을 통한 전기화학적 신호의 전달 속도가 인간의 반응속도를 결정하듯, 빛의 속도 한계는 내 캐릭터의 반응속도를 결정한다.

이런 인터넷의 근본적인 한계인 빛의 속도를 극복하기 위해 많은 인터넷 서비스 제공자들은 지역별로 서버를 두고 있다. 앞서 온라인 게임에서 한국 사용자는 한국 서버에 접속하고, 미국 사용자는 미국 서버에 접속했던 것과 비슷하다. 넷플릭스나 유튜브와 같이 하루에도 엄청난 양의 데이터를 전 세계 사용자에게 뿌려줘야 하는 기업들은 데이터 서버를 국가마다 따로 설치하여 관리한다. 그래야 불필요하게 캐나다의 서버에서 방글라데시의 유튜브 시청자에게 동영상을 전송하는 상황이 줄어든다. 그럼에도 각 서버가 데이터를 교환해야 할 일이 발생할 수도 있다.

인터넷 서비스 제공자의 서버가 가지고 있는 데이터 용

량은 한 대당 수백~수천 '페타바이트' 수준이다. 기가바이트의 1000배가 테라바이트고, 다시 그 1000배가 페타바이트이니 어마어마한 용량이다. 이처럼 거대한 데이터 용량은 새로운 서버를 설치하거나 복제해야 할 때 문제가 된다. 데이터의 전송 속도는 그 대역폭과 신호전달 속도에 의해 결정된다. 대역폭은 고속도로에서 차선의 수와 비슷하다. 차선이 많을수록 한 번에 지나갈 수 있는 차의 수가 많아진다. 전 세계의 네트워크에 광케이블을 추가로 설치하여 대역폭을 더 높이면(차선을 늘리면) 데이터 전송 시간을 단축할 수 있지만, 그만큼 비용도 늘어나게 된다. 신호 전달 속도를 늘리는 것은 애초에 불가능하다. 빛의 고속도로에는 절대적인 과속 제한이 있다. 초속 30만 킬로미터다.

2019년, 인류가 블랙홀의 이미지 데이터를 얻었을 때, 그 용량은 4페타바이트 정도였다. 처녀자리 인근의 블랙홀로 추정되는 천체의 희미한 전파신호를 탐지하기 위해 전 세계의 전파망원경이 협력한 결과였다. 그런데 이 데이터를 분석하기 위해 수집하는 과정에서 문제가 발생했다. 몇몇 지역에는 대역폭이 넓은 초고속 인터넷이 깔리지 않은 경우도 있었다. 그렇기에 이런 곳으로부터 페타바이트 수준의 데이터를 가져오는 것은 큰 난관이었다. 과학자들은 인터넷을 이용하지 않고, 데이터가 저장된 하드디스크를 통째로 비행기로 운송하는 방식을 택했다. 역설적으로 빛의 속도가 '너무 느려' 차라리 비행기로 데이터를 옮기는 것이 빨랐기 때문이다. 이 방식은 많은 인터넷 서비스 업체들이 데이터 센터 간 정보를 전송하기 위해 사용하는 전략이기도 하다. 실제로 미국의 인터넷 기업인 아마존은 미국 각지에 데이터 센터를 설치하고자 하는 기업들을 위해 트럭으로 서버를 통째로 이전 및 복사해주는 서비스를 제공하고 있다. 범국가적 블랙홀 탐사 프로젝트에서는, 이렇게 일견 무식(?)해 보이는 오프라인 전송 방식을 통해 전 세계의 수많은 과학자가 협력할 수 있게 되었다. 그 결과 인류는 최초로 선명한 블랙홀의 모습을 볼 수 있었다.

너무 느린 빛, 그리고 블랙홀

위의 이야기는 따져볼수록 흥미롭다. 블랙홀 역시 빛의 속도의 한계 덕분에 탄생한 개념이기 때문이다. 거대한 질량을 가진 천체들은 주변의 물체를 끌어당긴다. 이러한 영향에서 벗어날 수 있는 최소 속력을 '탈출 속력'이라고 부른다. 이 탈출 속력은 천체의 질량이 클수록, 천체와의 거리(정확히는 질량 중심과의 거리)가 가까울수록 증가한다. 즉 무거운 데다 그 질량이 작은 반경 안에 모여 있는 천체의 표면에서 탈출하려면 더 큰 속력이 필요하다. 지구 표면에서의 탈출 속력은 초속 11.2킬로미터다. 1초에 11킬로미터를 가야 하는 속력이지만, 빛에는 별것 아닌 속력이다. 훨씬 무거운 태양의 경우는 초속 617.5킬로미터의 속력이 필요하다.

만약 태양보다 훨씬 무거우면서도 크기가 작은 천체가 있다면 어떨까? 그 천체의 탈출 속력이 빛의 속도인 초속 30만 킬로미터를 넘는 순간 빛조차도 그 천체의 영향권을 벗어날 수 없다. 물론 필요한 탈출 속력은 그 천체로부터 멀어질수록 감소하기에 질량이 크다고 무조건 블랙홀인 것은 아니다. 하지만 어떤 천체가 무거우면서도 그 크기가 충분히 작다면, 그 천체로부터 일정 거리 안에 접근한 모든 물체는 절대로 탈출할 수 없다. 이 안전거리를 '사건의 지평선event horizon'이라고 부른다. 이 지점부터는 빛조차 빠져나올 수 없다. 그러니 지평선 너머에서 어떤 사건이 벌어지고 있는지 관측을 통해서 알 도리가 없다. 그래서 사건의 지평선이다. 빛은 블랙홀을 빠져나와 지평선 내부의 사건을 알려주기엔 너무 느리다.

그런데 빛조차 빠져나올 수 없다는 블랙홀의 사진은 어떻게 얻은 것일까? 블랙홀의 사진은 마치 '그림자'를 보는 것과 비슷하다. 그림자에서는 빛이 나오지 않지만, 우리는 주변의 빛이 만들어내는 경계를 통해 그림자를 구분할 수 있다. 마찬가지로 블랙홀의 사건의 지평선 너머에서는 빛이 나오지 않지만, 그 경계 근처의 빛들을 통해 우리는 블랙홀의 그림자를 볼 수 있다. 물론 일반적인 그림자와는 그 형태가 다르다. 빛은 질량이 큰 천체에 의해 그 경로가 휘어질 수 있기에 블랙홀의 그림자는 휘어진 빛들이 만들어내는 이미지이다. 앞서 전 세계의 전파망원경이 협력하여 얻은 데이터는 이 휘어진 빛(전파)들의 데이터였고, 과학자들은 이를 분석하고 보정하여 블랙홀의 실제 모습을 추출할 수 있었다. 빛의 속도의 한계는 블랙홀이라는 특이한 천체를 탄생시켰다. 그리고 과학자들은 데이터 전송 속도—즉 빛의 속도—의 한계를 극복해가며 이 천체의 모습을 확인했다.

빛의 속도는 충분히 빠른가? 게이머에게도, 천문학자들에게도, 우주의 블랙홀에게도, 빛은 답답할 정도로 느리다. 아마도 현재 우리 삶의 속도가, 그리고 알아가야 할 정보의 흐름이 너무 빠르기 때문일 것이다.

3. 요즘 것들이 버릇없는 과학적인 이유

고대의 장수들은 혼자서도 가뿐히 돌을 들어 적에게 던졌지만, 요즘 젊은이들은 두 명이서도 들지 못할 정도로 나약하다. _ **호메로스(기원전 800년경)**

요즘 덜 떨어진 젊은 녀석은 부모가 화를 내도 고치지 않고, 동네 사람들이 욕해도 움직이지 않으며, 스승이 가르쳐도 변할 줄을 모른다. _ **한비자(기원전 250년경)**

요즘 대학생들은 선생들 위에 서고 싶어 하고, 선생들의 가르침에 논리가 아닌 그릇된 생각들로 도전한다. 그들은 강의에는 출석하지만 무언가를 배우고자 하는 의지가 없다. _ **알바루스 펠라기우스(1311년)**

> 요즘 가만히 살펴보건대, 세상이 갈수록 풍속이 쇠퇴해져서 선비의 버릇이 예전만 못하여 경학經學에 밝고 행실을 닦아 치체治體를 잘 아는 자는 적고, 문사文辭를 숭상하여 경학을 버리고 녹리祿利를 좇는 자가 많다. _《조선왕조실록》(숙종 17년)

동서고금을 막론하고, 요즘 젊은것들은 문제가 많았나 보다. 나는 소위 'MZ세대'이다. 분류상으론 M세대(밀레니얼 세대)의 끝자락에 걸쳐 있다. 그런 내가 보기에도 Z세대는 문제투성이 같다. 아마 X세대가 보기엔 나 역시 구제 불능의 버릇없는 세대일 것이다.

'요즘 것'들의 뇌에는 특별한 것이 있다

이에 관한 흥미로운 연구 결과가 있다. 미국 컬럼비아대학교와 하버드대학교 연구진은 1949년에서 2019년 사이 미국에서 실시된 177개의 도덕적 가치 관련 설문 조사 내용을 분석했다. 84퍼센트의 응답자가 과거보다 현세대의 도덕성이 떨어졌다고 답했다. 그 비율도 연도별로 차이가 없었다. 1996~2007년 실시된 다른 59개국의 설문조사에서도 비슷한 비율로 '요즘 것들은 문제'라는 응답이 있었다. 시대와 국경을 넘어 널리 퍼진 이런 인식은 사실일까? 먼 과거부터 계속해서 인류가 실제로 타락해왔다면, 사회는 진작 멸망했어야 한다. 하지만 그렇지 않은 것으로 보아 이는 실제 사실이 아닌 '착각'일 가능성이 높다.

이런 착각의 원인을 분석하는 그럴듯한 설명들이 있다. '좋았던 과거 편향'이나 '외집단 동질화 편향' 같은 사회심리 이론들이다. 세대 간 갈등은 사회 현상이기에 사회심리적 분석을 적용하는 것도 적절하겠다. 하지만 나 같은 골수 이공계인은 이런 상황에서도 자연과학적인 설명을 찾아 나서곤 한다.

흔히 '어린아이들의 뇌는 말랑말랑하다'라는 말을 한다. 최신 생물학의 관점에서 이는 꽤 과학적인 기술이다. 뇌과학에는 '신경가소성neuro-plasticity'이란 개념이 있다. 생물은 외부의 자극에 반응한다. 그리고 이 반응의 양상은 뇌를 비롯한 각 신경계가 연결된 구조로부터 결정된다. 컴퓨터에 비유하자면, 뇌의 신경세포neuron 간 연결이 형성되는 과정(학습)은 일종의 프로그램 설치로 볼 수 있다. 특정 입력값이 주어지면 결과값을 출력하는 프로그램처럼, 특정 구조로 연결된 뉴런들은 외부 자극에 대한 행동 양식을 출력한다. 과거 생물학자들은 한번 설치된 프로그램이 쉽사리 변화하지 않을 것으로 예상했다. 생물을 구성하는 체세포들은 분열을 거듭하며 새로운 세포를 만들어내지만, 신경세포에서는 이러한 분열이 잘 관찰되지 않았기 때문이다. 하지만 최근 뇌과학과 영상의학의 발전은 뉴런들의 연결 역시 계속해서 변화할 수 있음을 발견했다. 이러한 성질이 신경가소성이다.

사고로 특정 감각기관의 기능을 잃은 사람은 다른 감각이 발달하곤 한다. 만약 기능을 잃어버린 감각기관을 담당하던 뇌의 특정 영역이 변화될 수 없다면, 그 영역은 더 이상 활동하지 않아야 한다. 더 이상 할 일이 없는 프로그램을 담당하고 있었기 때문이다. 하지만 해당 영역은 곧 다른 감각을 담당하는 뇌의 영역들이 하던 일을 수행하고 강화하는 것으로 밝혀졌다. 즉 상황에 맞춰 프로그램을 업데이트하고 재설계할 수 있는 것이다. 그리고 이런 과정이 유연할수록 신경가소성이 높다고 할 수 있다.

나이와 신경가소성의 관계

신경가소성은 생물종, 그리고 개체의 나이에 따라 다양하게 나타난다. 가젤의 새끼는 태어난 지 얼마 되지 않아도 걷고 뛸 수 있다. 이는 마치 '운영체제'가 미리 설치되어 있는 컴퓨터와 같다. 태어나기 전 태아 상태에서 이미 어느 정도 생존용 프로그램이 설치된 것이다. 그에 반해 인간의 어린 개체는 독립적인 생존 활동을 하기까지 매우 긴 시간이 걸린다. 태어난 이후에도 오랜 기간 주변 환경에 맞춘 운영체제를 만들어야 한다. 이는 어린 개체의 생존율을 낮추는 단점일 수도 있지만, 종의 관점에서 보면 폭넓은 환경에 대한 종의 적응력을 키워주는 요인이 될 수 있다.

인간의 어린 개체는 신경가소성이 매우 높다. '뇌가 말랑말랑한 상태'로 태어난다. 그리고 이런 신경가소성은 나이가 들면서 점차 감소한다. 사실 나이와 신경가소성의 관계는 과학계에서 꾸준한 논란거리였다. 나이가 들어도 계속해서 학습할 수 있기 때문이다. '늙은 개에게 새로운 재주를 가르칠 수 없다'는 말을 반박하는 연구들도 꾸준히 발표되고 있다. 그럼에도 유아기 시절의 엄청난 신경가소성에 비하면, 성인이 새로운 것을 배우는 데는 확실히 큰 노력이 들어간다.

시대의 변화에 따라 인간의 어린 개체가 운영체제를 설치하는 환경은 계속해서 변화한다. 내가 속한 M세대의 유아기에는 스마트폰이 없었다. 이전 X세대의 유아기에는 인터넷이 없었다. 성인이 된 이후 M세대와 X세대의 뇌는 스마트폰과 인터넷을 사용하는 법을 학습하게 되었지만, 신경가소성이 최대치이던 시절 둘을 모두 접한 Z세대의 운영체제와는 근본부터 다를 수밖에 없다. 성인이 된 이후 감소한 신경가소성은 어린 시절 형성된 운영체제를 쉽사리 바꿀 수 없게 만든다.

뇌신경이 연결된 방식은 외부 자극에 대한 행동 양식을 결정한다. 각 세대의 서로 다른 신경세포 간 연결은 같은 자극에도 다른 결과를 출력할 것이다. 동일 자극에 대한 다른 행동 양식. 이는 서로를 근본적으로 이해할 수 없게 만든다. 즉 각 세대가 신경가소성이 높았던 시절의 환경과 현재의 환경이 다르다면, 세대 갈등은 필연적이다. 어린이의 뇌가 어른보다 말랑말랑하다는 점은 그 어린이가 어른이 되었을 때, 새로운 시대의 어린이를 이해하지 못하게 만든다.

> 어른들은 누구나 처음엔 어린이였다. 그러나 그것을 기억하는 어른은 별로 없다.
>
> **_ 앙투안 드 생텍쥐페리, 《어린 왕자》(1943)**

4. 힙스터에 관한 수학적 고찰

'힙스터hipster'란 단어가 있다. 주류 문화를 거부하고 비주류 문화를 추구하는 개인이나 집단을 뜻한다. 다만 요즘은 해당 용어가 약간의 부정적인 뉘앙스도 포함하고 있는 것 같다. 그들이 비주류성을 추구함으로써 주류 사회와의 구분 짓기를 하며 일종의 우월감을 느끼기도 한다는 점을 지적하는 것이다. 한국에서는 '홍대병'이란 용어가 이런 힙스터의 부정적인 면을 드러내는 단어로 쓰이곤 한다. 서울의 홍익대학교 주변 지역은 한때(물론 지금도 어느 정도는) 독특하고 참신한 영감을 지닌 예술가들의 성지와도 같은 곳이었다. '홍대병'은 홍대 거리를 배회하며 대세를 거부하고 인디 음악과 같은 비주류 문화를 향유하는 젊은이들을 비꼬기 위해 생겨난 용어이다.

'홍대병'과 조건부 확률

그저 문화를 향유하는 행위를 병이라는 단어로 표현하는 것에는 몇 가지 주장이 있다. 비판론자의 관점을 살펴보자. 이들은 힙스터의 은근한 우월감이 사실은 별 근거 없이 주류 문화를 비판하기만 하면 충족되는 알량한 만족감이라 주장한다. 이런 입장에서 보면, 힙스터들은 나르시시즘적 사고가 중증에 이른 것으로 보일 것이다. 다른 이유는 힙스터 문화가 시간이 흘러 주류 문화가 되었을 때의 양상을 보면 알 수 있다. 처음에는 '쿨한' 것으로 보이는 패션이나 음악일지라도, 그것이 자본 세력의 눈에 들어 대량 생산되는 순간 그것은 더 이상 '쿨한' 것이 아니게 된다. 애초에 비주류 문화를 추종하는 이유가 단순히 '그것이 주류가 아니기 때문'이었다면 이는 자기모순이다. 그들이 추구했던 문화의 가치는 그대로인데 판단만 달라진 상황이기 때문이다.

하지만 나는 힙스터에 대해 좀 더 수학적으로 고민해보고자 한다. 특정 집단에 '프레임'을 씌워 평가절하하는 것은 쉽다. 다만 '주류 문화에 대한 반감과 비주류 추구'의 동기와 근거는 다양할 수 있으며, 어떤 근거는 수학적 합리성에 기반한 것일 수도 있다고 생각하기 때문이다.

우선 주류 문화를 피하려는 현상이 왜 나타나는지 고민해보자. 한 가지 통계학적 설명이 있다. 우리가 살면서 접하는 경험과 호불호의 상관관계가 객관적이지 않은 표본을 통해 생성되기 때문이다. 여기 좋은 예시가 있다. 다음 질문에 대한 답을 생각해보자.

> 한국인 중 무작위로 선정된 한 명을 만나게 되었다. 그는 흰색 가운을 입고 있다. 그의 직업은 의사 아니면 농부 둘 중 하나라고 한다. 그의 복장과 가능한 직업 두 가지를 제외하면, 더 이상 어떠한 정보도 제공되지 않았다. 그의 직업을 맞히는 내기를 한다면, 당신은 그의 직업이 무엇이라는 것에 걸겠는가?*

얼핏 보기에 위의 상황은 직업적 편견을 물어보는 질문 같아 보인다. 이런 질문을 받으면 우리의 두뇌는 확률을 어림하기 시작한다. '그래도 의사가 흰색 가운을 입는 상황이 농부보다는 많지 않을까?' 사실 이 질문에서 중요한 것은 흰색 가운이라는 정보가 아니다. 중요한 것은 '한국인 중 무작위로 선정된 의사 아니면 농부'라는 정보이다. 만약 의사가 흰색 가운을 입고 있을 확률이 90퍼센트라고 가정해보자. 그리고 농부가 하얀 가운을 입고 있을 확률은 반대로 10퍼센트라고 해보자.

* 이 문제는 심리학자이자 경제학자인 대니얼 카너먼과 아모스 트버스키가 《사이언스Science》에 게재한 논의를 우리나라 식으로 각색한 것이다. 관심이 있는 분들은 카너먼의 《생각에 관한 생각Thinking, Fast and Slow》이라는 책을 읽어봐도 좋을 것이다.

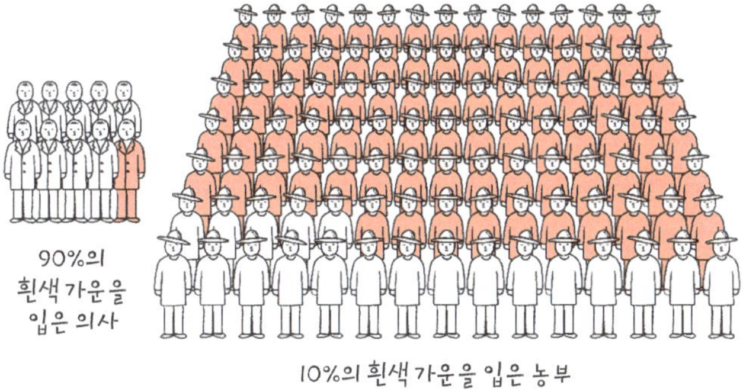

그렇다면 흰색 가운을 입고 있는 사람이 의사일 확률이 더 높을까? 그렇지 않다. 한국인의 직업별 종사자를 살펴보면, 의사는 10만 명이고, 농업 종사자는 200만 명이다(통계청, 2021). 농부의 수가 의사보다 20배 정도 많다. 의사가 10명 있다고 하면, 농부는 20배 많은 200명이 있다. 의사의 90퍼센트가 흰색 가운을 입고 있다고 해도 그 수는 9명뿐이다. 반면 농부 중 단 10퍼센트만 흰색 가운을 입고 있어도, 흰색 가운을 입은 농부는 20명 존재할 수 있다. 우리 두뇌가 어림한 90퍼센트와 10퍼센트라는 수치가 진짜여도, 통계적으로는 흰색 가운을 입은 의사가 9명 존재할 때 흰색 가운을 입은 농부도 20명 존재한다. 즉 흰색 가운을 입은 사람이 농부일 확률이 의사일 확률보다 두 배 이상 크다. '의사가 흰색 가운을 입고 있을 확률'과 '흰색 가운을 입고 있는 사람이 의사일 확률'은 분명 다르다. 앞의 확률이 90퍼센트라 가정해도 뒤의 확률은 31퍼센트 정도이다.

봐줄 만한 삼각형과 어림없는 오각형

'어떤 것이 특정한 성질을 가질 확률'과 '그 특징을 가진 것이 어떤 것일 확률'은 분명 다르다(학창 시절 골치 꽤 썩힌 조건부 확률이다). 후자의 경우에는 전체 집단의 비율이 중요해지는데, 우리는 이런 점을 쉽게 놓치곤 한다. 앞선 질문을 받고, 흰색 가운에 주목하기보다 직업별 종사자 통계를 먼저 찾아보는 판단을 하는 것은 쉽지 않다. 이것이 힙스터와 무슨 상관일까? 흔히들 이런 말을 하곤 한다.

"잘생긴 애들은 재수 없어." 혹은 "학벌 좋은 애들은 밥맛이야."

이는 살면서 겪어온 경험에서 비롯된 판단일 것이다. 우리 머릿속에는 분명 '잘생긴 사람'과 '학벌 좋은 사람'에 대한 경험적 분포와 두 성질 간의 관계에 대한 그림이 있다. 하지만 우연히 마주친 잘생긴 사람이 학벌 좋은 사람일 확률은 전체 집단의 분포를 파악해야만 온전하게 알 수 있다. 미국의 수학자인 조던 엘렌버그Jordan Ellenberg는 여기에서 발생할 수 있는 통계적 함정을 '봐줄 만한 삼각형'이란 도식을 통해 명료하게 설명했다.

도식의 세로축은 위로 갈수록 착한 사람, 아래로 갈수록 못된 사람이란 것을 뜻한다. 가로축은 오른쪽으로 갈수록 잘생긴 사람이란 것을 뜻하는데, 이것을 학벌로 바꾸어도 동

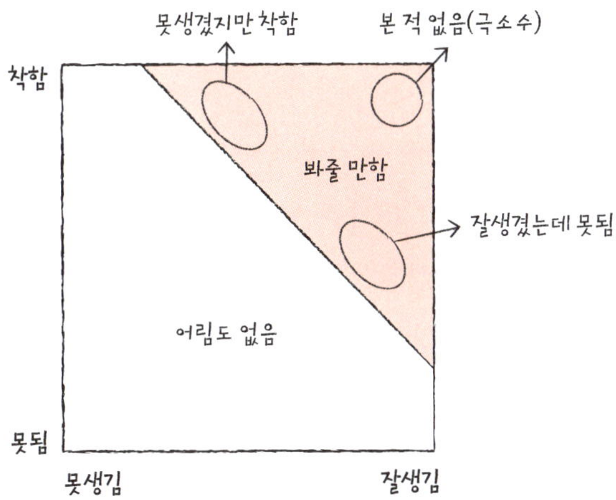

일하게 작동한다. 이제 살면서 마주친 수많은 사람이 이 도식 위에 고르게 분포한다고 가정해보자. 그런데 우리가 관심을 쏟는 사람은 착하거나 잘생긴 사람뿐이다. 못생겼는데 못돼먹기까지 한 사람은 안타깝지만, 데이트 후보에 들지 못한다. 이제 이 도식의 위쪽에는 봐줄 만한 사람의 삼각형이 존재한다. 이 삼각형은 데이트를 기대라도 해볼 수 있는 봐줄 만한 사람들의 집단이다. 눈이 높다면 이 삼각형이 더 작아질 것이다. 재밌는 점은 이 삼각형 안의 '잘생긴 사람'은 삼각형의 '평균보다 못될' 확률이 높다는 것이다. 그리고 '못생긴 사람'은 삼각형의 '평균보다 착해야만' 한다. 그렇지 않았으면 애초에 눈에도 안 들어왔을 것이기 때문이다.

우리는 경험을 축적할 때 하단의 '어림없는 오각형'에 집중하지 않는다. 그 대신 잘생김(또는 학벌), 착함 같은 속성

간의 관계를 유추할 때 '봐줄 만한 삼각형' 안의 표본들을 가지고 분석하게 된다. 설상가상으로, 엄청나게 잘생겼으면서 엄청나게 착한 사람은 전체 집단에서 매우 소수이다. 그리고 이런 사람이 나의 데이트 상대가 되는 경험은 매우 적을 것이다. 봐줄 만한 삼각형에서 이 극소수의 꼭짓점을 제거하고 나면, 데이트 상대는 어떤 관계를 가진 것처럼 보이게 된다. 이 경험적 표본 안에서, 잘생긴 애들은 재수가 없고, 학벌이 좋은 애들은 밥맛이기 마련이다.

중요한 것은 실제로 전체 집단이 가지고 있는 속성 간의 상관성 혹은 인과 관계와 상관없이, 호불호의 삼각형 안에서는 그것이 반비례 관계를 가지는 것처럼 보인다는 점이다. 데이트 후보자의 외모와 심성이 반비례하는 것처럼 보이는 것은 분명 사실이다. 그러나 이것은 좋은 인과 관계가 아니다. '데이트 후보자'라는 조건 자체가 전체 집단을 대표하지 않는 표본 집단을 형성하기 때문이다. 이 역시 '조건부 확률' 문제다. 앞서 본 '흰 가운을 입은 의사와 농부' 예시처럼 전체 집단을 고려하지 않으면 잘못된 결과를 도출하게 된다.

내일도 해가 뜰 확률

다시 힙스터 논의로 돌아가보자. 그들은 대중문화를 얕

잡아 본다. 대중에게는 진짜 좋은 작품을 알아보는 눈이 없기 때문이다. 인기 있는 작품은 질이 떨어진다. 이것이 사실일까? 사실 우리에게 논할 가치가 있는 작품은 대중적으로 유명하거나 실제로 작품성이 높은 것들뿐이다. 그 외 존재하는 수많은 작품은 애초에 판단의 범주에도 들지 못한다. 이 대중성과 작품성 두 가지 필터를 모두 통과한 작품들로 통계를 내면, 인기 있는 작품은 대체로 질이 떨어진다는 결론을 내릴 수도 있다. 이는 적어도 봐줄 만한 삼각형 내의 작품에는 맞는 말이다. 하지만 전체 집단에는 작품성도 떨어지는데 인기도 없는 작품들이 훨씬 더 많이 존재한다. 만약 작품성과 대중성이 전체 집단에서는 비례하는 관계에 있어도, 봐줄 만한 삼각형에서는 반비례하는 것처럼 보일 수도 있다. 그러니 인기 없는 작품을 찾아다니는 이유가 더 좋은 작품을 찾기 위해서라면, 착한 남자 친구를 사귀기 위해 일부러 못생긴 남자만 찾아다니는 것과 유사한 행동이다.

다만 대중성과 작품성이 정비례 관계든 반비례 관계든 대중적 선택이 수학적으로 최선의 선택인지는 고민해봐야 한다. 온라인 쇼핑몰에서 물건을 구입하는 상황을 떠올려보자. 청소기를 사고 싶은데 세 가지 후보가 있다. 각 제품에는 10점 만점의 평점과 리뷰가 있다.

A는 평점 10점에 리뷰 수가 5개이다.

B는 평점 8.7점에 리뷰 수가 1,000개이다.

C는 평점 9점에 리뷰 수가 50개이다

어떤 제품을 고르겠는가? 리뷰가 많은 제품은 평점의 신뢰도가 높을 것이다. 그럼에도 신뢰도는 떨어지지만, 평점 자체가 높은 제품을 고를 수도 있다. '홍대병'에 걸렸다면 평점이 적당하고 리뷰가 가장 적은 제품을 고를 수도 있을 것이다. 다만 내가 힙스터라면 좀 더 수학적으로 확률을 계산해볼 것 같다. 위의 평점과 리뷰 수를 기반으로, 내가 특정 청소기를 구입했을 때 만족할 확률이다.

가장 간단한 수학적 방법은 18세기 프랑스의 수리물리학자인 피에르시몽 라플라스Pierre-Simon Laplace가 제시한 '후속 규칙rule of succession'을 따르는 것이다. 각 제품의 리뷰에 1개는 만족, 다른 1개는 불만족인 2개의 리뷰가 추가로 있다고 가정해보자. A의 경우 평점이 10점 만점이니 5개의 리뷰 모두가 '만족'인 경우로 보면 된다. 여기에 1개의 만족과 다른 1개의 불만족을 더하면 총 7개의 리뷰 중 6개가 만족, 1개가 불만족인 상황이 된다. 이에 따라 내가 다음 제품을 샀을 때 만족할 확률은 7분의 6, 약 85.7퍼센트가 된다.

B의 경우는 1000개의 리뷰 중 870명이 만족한 경우로 생각하면 된다. 따라서 B제품을 샀을 때 만족할 확률은 (870+1)/(1000+2)= 871/1002로 기존과 비슷하게 87퍼센트

(평점 8.7)가 된다. C의 경우는 50명의 구매자 중 45명이 만족한 셈이니 마찬가지로 만족과 불만족 리뷰를 더해 계산하면, (45+1)/(50+2)=46/52, 약 88퍼센트 확률로 만족할 수 있다. 라플라스의 후속 규칙이 맞다면 C를 고르는 것이 가장 합리적인 선택이 된다. 평점이 가장 높은 A도 아니고, 리뷰가 가장 많은 B도 합리적인 선택이 아니다. 기존의 통계적 확률(평점)이 주어졌을 때 다음번 시도에 대한 확률을 수학적으로 계산해보아야 비로소 합리적인 선택을 할 수 있다. 여기서 라플라스의 후속 규칙은 기존의 통계를 '어느 정도로 믿어야 할지'에 대한 힌트를 준다.

라플라스는 매일 해가 뜨는 것을 보고 내일도 해가 뜰 확률을 추론하는 데 위의 방법을 사용했다. 1만 일(약 27년) 동안 해가 떴다는 사실을 관측했다면 내일 해가 뜰 확률이 (10000+1)/(10000+2)=10001/10002=0.9999, 즉 99.99퍼센트라는 것이다. 0.01퍼센트 확률로 해가 뜨지 않을 수도 있다. 라플라스 이전의 수학자들은 1만 일 동안 1만 번 해가 떠올랐으니, 해가 뜰 확률은 100퍼센트라고 계산했다. 모두 내일 해가 뜰 것이라는 사실을 믿어 의심치 않았다. 하지만 라플라스는 이전 사건의 통계적 확률이 100퍼센트라고 해도 그 다음번 확률이 100퍼센트라는 보장은 없다고 주장했다. 마치 인터넷 쇼핑몰의 리뷰 평점이 내가 그 제품을 구입했을 때 만족도를 완벽하게 보장하지는 않는 것과 같다. 그가 탐구한 것은 귀납적으로 어떤 사건이 발생할 확률을 알고 있을 때, 그다음에도 동일한 사건이 발생할 확률에 대해 추론하는 방법이었다. 일종의 조건부 확률이다. 통계적으로 알고 있는 확률은 '조건'에 해당한다. 그리고 우리가 알고 싶은 것은 그 조건을 알고 있을 때 다음 사건이 발생할 확률이다.

통계학, 진정한 힙스터의 조건

라플라스의 후속 규칙을 더 깊이 파고들어보자. 분자에 1을 더하고 분모에 2를 더하는 방식은 다음에 발생할 사건 자체에 대한 정보가 '전혀 없다'고 가정했을 때 적용 가능한 방식이다. 태양이 뜨거나 뜨지 않거나의 경우의 수를 '반반'으로 나누어 다음 확률을 추론하는 경우다. 만약 태양의 운동 원리에 대한 사전 정보가 추가로 있다면 우리는 반반이 아니라 태양이 내일도 뜰 확률에 어떠한 가중치를 두고 계산해야 한다. 라플라스 역시도 이 문제를 알고 있었고, '후속 규칙'의 가중치를 어떻게 계산해야 하는지 탐구했다.

이런 통계적 확률을 알고 있을 때 후속 확률의 결정을 다루는 수학적 방법을 '베이즈 통계학Bayesian statistics'이라고 한다. 영국의 신학자이자 수학자인 토머스 베이즈Thomas Bayes의 이름을 따서 붙여진 것이다. 베이즈는 조건부 확률에 대한 수학적 정리를 확립했다. 그리고 라플라스는 이것을 귀납적 통계를 가지고 미래를 예측하는 방법으로 발전시켰다(그리고 온라인 쇼핑몰에서 청소기를 고르는 데도 도움을 주었다). 최대 다수의 선택이 최선의 선택은 아닐 수도 있다. 그리고 통계적으로 얻어진 확률은 조건부 확률에서 '조건'은 될 수 있어도 다음에도 동일한 사건이 발생할 확률 그 자체를 의미하지 않는다. 이런 관점에서 내일 해가 뜨지 않을 수도 있다고 외친 라플라스는 수학적 힙스터였다.

대중은 우매해서 좋은 작품을 알아보는 눈이 없을까? '봐줄 만한 삼각형'의 예시에서 살펴봤듯, 객관적이지 않은 표본 집단을 기준으로 내린 판단은 거짓된 비례관계를 만들어내기 쉽다. 더 심한 경우, 이런 비례관계를 인과관계로 착각하는 경우도 있다. 남자 친구를 더 잘생기게 만들기 위해 바람 좀 피우고 오라고 권해야 할까? 흡연량과 폐암 발병률의 비례관계를 보고 폐암이 담배를 피우게 만든다고 해석하는 꼴이다. 대중적인 작품이 볼품없다는 것은 통계적 편견이다. 그렇다고 대중의 선택이 항상 옳지도 않다. 이것이 어려운 점이다. 다수의 선택에 따른 통계는 어디까지 믿을 만할까? 그 신뢰도를 따져보는 것이 베이즈 통계학이다. 이것을 잘 판단하려면 수학을 잘해야 한다. 수학을 잘하는 힙스터는 쿨한 사람이다. 조건부 확률과 베이즈 통계학을 모르는 힙스터는 그냥 '홍대병' 환자다.

5. 쉬운 체중 감량법, 상대성 이론을 곁들인

20대 시절, 나는 살이 잘 찌지 않는 편이었다. 먹는 것이나 운동하는 것에 크게 신경을 쓰지 않아도 항상 일정한 체중을 유지했다. 아마 유전적으로 타고난 체질 덕분이었을 것이다. 나이가 들수록 유전적 축복이 작동하지 않는 것 같다. 잠깐만 방심해도 둔한 몸이 되어버린다. 생활 방식과 생물학적 변화가 주요한 원인이다. 돈이 궁했던 학창 시절과 달리, 지금은 원할 때면 언제든 탄수화물 덩어리인 배달 음식을 먹을 수 있고, 서서 가는 지하철이 힘들면 자가용을 타고 다닐 수 있다. 몸에 남아도는 혈당은 이를 제어하는 호르몬 작용기제에 내성을 가져왔을 것이고, 설상가상으로 줄어든 활동량과 기초 대사량은 다시 이 악순환을 강화한다.

30대가 된 지금은 망가져버린 체중 조절 시스템을 되돌리기 위해 추가적인 노력이 필요하다. 식습관을 개선하고, 일상적 움직임에서 벗어나 추가로 운동을 해야 한다. 매우 피곤한 일이다. 조금이라도 요령을 피우려고 다이어트 관련 정보를 검색해봐도 결론은 결국 위의 방식으로 귀결되기 마련이다. 몸의 체중 조절 시스템이 작동하는 생물학적 원리에 기반을 둔 더 정답에 가까운 방법들이 있긴 하지만, 여전히 귀찮은 건 마찬가지다. 귀찮은 일에 맞서는 두 가지 방법이 있다. 정면 돌파하거나 회피하는 것이다. '회피형 인간'은 여러 핑계와 꼼수를 찾아내곤 한다. 나는 모든 일을 회피하진 않지만, 꼼수를 통해 '정신 승리'하는 과정을 즐기곤 한다. 그냥 그것이 재밌기 때문이다.

칼로리, 너는 누구냐?

다이어트 방법 중 생물학적 정답에 가까운 방법이 아닌, 물리학적 꼼수가 있을까?

먼저 '칼로리calorie(열량)'에 대해 생각해보자. 주의할 점이 있다. 영양학에서는 칼로리 그 자체가 아닌 칼로리를 가진 성분의 종류가 더 중요하다고 본다. 칼로리가 같아도 그것이 혈당을 빠르게 올리는 단순당, 정제 탄수화물이라면 같은 열량의 단백질보다 몸에 나쁘다. 하지만 이번 논의는 생물학적인 것이 아닌 순수하게 물리학적인 관점에서 진행해볼 것이다.

칼로리는 음식이 가진 '화학적 에너지'이다. 정확한 정의는 물 1그램의 온도를 섭씨 1도 올리는 데 필요한 에너지이다. 우리는 흔히 '400칼로리의 햄버거'라는 말을 하는데, 사실, 이때 단위는 엄밀하게 '킬로칼로리'이다. 1킬로칼로리는 1000칼로리로, 물 1킬로그램(1000그램)의 온도를 섭씨 1도 올리는 데 필요한 에너지다. 칼로리는 cal로 표기하며, 킬로칼로리는 kcal 또는 Cal로 표기한다. 과자나 음료수 봉지를 보면 칼로리 단위가 kcal 또는 Cal로 표기되어 있을 것이다. 그래서 흔히 '킬로칼로리'라 읽지 않고 그냥 '칼로리'라고 읽는다. 그러니 이 글에서도 그냥 물 1킬로그램의 온도를 섭씨 1도 올리는 데 필요한 에너지를 '칼로리'라고 부르겠다.

칼로리가 다이어트의 적이 된 이유는 단순하다. 직관적으로 생각하기 쉽기 때문이다. 우리가 활동하며 소모되는 에너지의 양과 섭취한 음식이 가진 에너지의 양 사이의 균형이 깨지면 살이 찌거나 빠질 것이다. 그리고 음식의 칼로리는 실험을 통해 값을 구하기가 꽤 쉽다. 그냥 음식을 장작처럼 태우고 그것이 물의 온도를 몇 도나 올렸는지 보면 된다. 냄비에 1킬로그램의 물(1리터)을 채운 뒤 불판 아래 연료로 집어넣은 햄버거가 전부 불타 없어졌을 때 물의 온도가 몇 도 올라갔는지 살펴보자. 다만 물이 끓는 온도는 섭씨 100도로 한계가 있기에, 햄버거 1개를 통째로 태우지 않고 10분의

1만 태워보자. 만약 물의 온도가 섭씨 40도 올랐다면, 햄버거 10분의 1조각은 40칼로리인 것이다. 따라서 햄버거 1개는 400칼로리라고 말할 수 있다. 햄버거가 우리 몸속에서 실제로 불타진 않지만, 소화 과정을 통해 그것이 이론적으로 방출할 수 있는 화학적 에너지의 최대치는 불타 없어졌을 때와 비슷하다. 칼로리가 높은 음식은 신체가 다 사용할 수 없을 만큼의 열량을 가지고 있다. 다 사용하지 못한 음식의 성분은 배출되거나 지방의 형태로 몸에 저장된다. 다이어트할 때 음식의 칼로리에 신경 쓰는 것은 이 때문이다. 물론 같은 칼로리의 음식이라도 구성 성분별로 몸에 작용하는 기작이 달라 다이어트에 다른 영향을 줄 수 있다. 그럼에도 본질적으로 섭취하는 칼로리를 줄이는 것이 체중 감량에 도움이 된다는 사실은 일반적으로 옳다.

제로 칼로리? 음의 칼로리를 찾아라!

다이어트 식품은 다른 식품과 비슷한 포만감을 주면서도 섭취 칼로리는 줄일 수 있도록 만들어진다. 곤약 같은 음식은 부피에 비해 칼로리가 매우 낮기 때문에 적합하다. 최근에는 제로 음료수까지 보편화되었다. 기존 음료수에 들어가는 액상 과당은 칼로리가 매우 높다. 따라서 단맛을 내지만 몸에서는 에너지로 잘 사용되지 않는 성분으로 당을 대체한 것이다. 여기서 한 가지 다이어트 꼼수가 떠올랐다.

'0칼로리 식품까지 출현한 마당에 음의 칼로리를 가진 식품은 없을까?' 섭취하면 몸이 그것을 분해하며 에너지를 얻는 것이 아니라 오히려 몸이 에너지를 쓰게 만드는 식품 말이다. 그리고 칼로리의 정의로부터 쉽게 그런 음식(?)을 찾을 수 있었다. '얼음'이다. 앞서 우리는 1칼로리를 물 1킬로그램의 온도를 섭씨 1도 올리는 데 필요한 에너지라고 정의했다. 이제 얼음 1킬로그램을 섭취하는 상황을 상상해보자. 얼음은 몸속에서 녹아 결국 체온과 같은 온도가 될 것이다. 인간의 신체는 일정한 체온을 유지하려 하기 때문이다. 섭씨 0도에 가까운 얼음의 온도가 섭씨 36.5도인 체온과 같아지기 위해서는 약 40도의 온도가 증가해야 한다. 얼음의 양이 1킬로그램이었으니 우선 여기에만 40칼로리가 소모된 셈이다. 게다가 얼음이 물로 녹는 과정에 필요한 에너지도 있다. 이렇게 물질의 상태가 변화할 때 필요한 에너지를 '잠열'이라고 한다. 얼음의 잠열은 1킬로그램당 80칼로리이다.

즉 얼음 1킬로그램이 몸 안에서 녹아 체온과 같아지는 데에는 40 더하기 80, 총 120칼로리가 소모된다. 제로 칼로리를 넘어 음의 칼로리를 지닌 음식을 찾았다! 다만 효율이 좀 떨어지긴 한다. 앞서 본 400칼로리짜리 햄버거를 상쇄하려면 제로 콜라에 얼음을 3.3킬로그램 정도 넣고 같이 먹으면 된다. 아마 배탈이 나서 살이 빠지는 효과가 더 클 것 같다. 그러니 다른 방법을 떠올려보자.

중력을 감소시키는 법

'무게'는 물체가 가진 질량에 대해 지구가 당기는 힘의 세기(지구의 중력)다. 지구가 나를 조금만 더 약하게 당긴다면, 몸무게가 감소할 수 있다. 내가 살을 빼기 힘들다면, 지구의 중력을 감소시키는 방법은 없을까? 이쯤 되면 이미 살을 빼려는 이유의 본질에서 벗어난 것 같긴 하지만, 꼼수를 개발할 때는 수단과 방법을 가리지 않아야 한다.

대학원생 시절 나는 일반물리학 실험 수업 조교로 일했다. 이 과목에서 나는 학부 신입생들을 대상으로 매주 새로운 물리 실험을 진행하게 지도하고, 학부생들은 과제로 해당 실험의 보고서를 제출했다. 나는 수업 조교로서 매주 수십 명의 과제를 채점해야 했다. 한번은 실험 주제가 '중력 가속도 측정'이었다. 중력 가속도는 중력에 의해 떨어지는 물체의 속도가 일정한 시간당 얼마만큼의 비율로 증가하는지 의미하는 값이다. 중력 가속도가 클수록 물체에 작용하는 중력이 크다고 할 수 있다.

지구 표면의 경우 중력 가속도의 값은 약 9.8제곱초당미터(m/s²)로 측정돼야 한다. 학생들이 실험을 통해 측정해온 중력 가속도의 값은 여기에서 조금씩 오차가 있기 마련이다. 실험 설계가 정교하지 못했을 수도 있고, 실험 장비가 허술했기 때문일 수도 있다. 보고서를 채점하는 입장에서, 나는 측정한 값이 얼마나 정확한지보다 학생들이 실제 알려진 값과의 오차를 어떻게 과학적으로 분석했는지에 중점을 두었다. 애초에 실험의 원리가 너무 간단했기 때문에, 실험을 잘 수행했는지보다는 그 결과의 해석에 초점을 둔 것이다.

실험 결과에 오차가 발생한 이유에 대한 학생들의 분석은 대부분 뻔했지만, 개중에는 눈에 띄는 논의도 있었다. 중력 가속도가 실제 알려진 값보다 적게 나온 경우 종종 그 이유를 실험실의 위치에서 찾는 학생들이 있었다. 일반 물리학 실험실이 있던 건물은 안 그래도 산 중턱에 있는 캠퍼스에서도 꽤 높은 지대에 있었다. 중력의 세기는 근원으로부터 멀어질수록 감소하기에, 지구 중심(정확히는 무게 중심)에서 먼 곳에 위치할수록 중력의 세기는 감소할 것이다. 즉 실험실의 높은 해발 고도는 실험에 미세하게나마 영향을 줄 수 있다. 다만 말로만 오차의 원인을 분석한 학생들의 리포트에는 낮은 점수를 줬다. 과학자라면 자고로 '정량적'으로 중력이 감소한 양까지 계산하여 이것이 얼마만큼 오차에 기여할 수 있는지를 수학적으로 보여줘야 한다. 지구의 반지름은 평균적으로 6378킬로미터이고 실험실 건물의 위치는 해발 200미터 정도였다. 중력은 거리의 제곱에 반비례하여 감소하기 때문에, 이 사실을 가지고 계산해보면 실험실의 중력은 지구 평균보다 0.0063퍼센트 정도 줄어들어야 한다. 실험 결과의 오차에서 이 정도 기여분을 정량적으로 분석한 학생에게는 만점을 줬다.

지구와 나의 상대론적 질량을 줄여볼까?

다시 체중 감량 논의로 돌아가보자. 지구상에서 가장 해발고도가 높은 지점은 에베레스트산 정상이다. 해발고도는 8900미터 정도이다. 이곳에서는 중력이 0.3퍼센트나 감소한다. 즉 70킬로그램의 사람이 에베레스트산 정상의 체중계에 올라간다면 69.8킬로그램으로 측정될 것이다. 뭐 의미가 없는 수치는 아니지만, 이것보다는 에베레스트산을 등반하는 운동으로 빠진 체중이 더 클 것 같긴 하다. 그리고 중력에 의한 무게 감소는 실제로 질량을 감소시키는 것이 아닌 '겉보기 무게'만 감소한 것이다. 본질적으로 '질량' 자체를 감소시키는 방법은 없을까?

대중적으로도 유명한 물리학 공식이 있다. 아마 한 번쯤은 어디선가 본 적이 있을 것이다.

$$E = mc^2$$

여기서 E는 에너지를 뜻한다. m은 질량이고 c는 빛의 속도이다. 에너지는 질량 곱하기 빛의 속도의 제곱과 같다. 질량-에너지 등가 원리라고도 불리는 이 공식은 알베르트 아인슈타인Albert Einstein의 상대성 이론으로부터 도출된다. 흔히들 이 공식을 질량과 에너지의 전환 관계를 보여주는 것으로 해석하곤 하지만, 좀 더 엄밀한 실제 의미는 이 두 값이 사실은 같은 물리량이라는 것에 가깝다. 즉 질량이 곧 에너지이고 에너지가 곧 질량이다. 대표적인 사례는 물질을 구성하는 원자의 질량이다.

원자의 핵은 그보다 더 작은 양성자와 중성자 들로 구성되어 있다. 그런데 원자핵의 질량을 측정해보면, 그것을 구성하는 각 양성자와 중성자 들의 질량을 전부 합한 것보다 더 크다. 그것들의 결합을 가능케 하는 '결합 에너지'가 존재하기 때문이다. 즉 원자핵의 무게는 구성 입자들 각각의 무게뿐 아니라 결합 에너지도 더해서 계산해야 한다. 에너지 역시 질량-에너지 등가 원리에 따라 질량이기 때문이다. 원자는 종류에 따라 결합 에너지가 조금씩 다른데, 이것을 이용하는 것이 원자폭탄이다. 중성자가 많은 우라늄 같은 원자가 핵분열 과정을 통해 중성자의 수가 더 적은 원자로 변화할 때, 원자핵을 구성하는 결합 에너지도 변화한다. 이때 결합 에너지의 변화는 질량의 변화를 의미하고, 이는 $E=mc^2$ 공식에 의해 엄청난 양의 에너지를 방출한다. 이 과정을 연쇄적으로 빠르게 일으키면 원자폭탄이 되는 것이고 천천히 제어하면서 일으키면 원자력 발전이 된다.

살을 빼려고 체내 핵반응을 일으키는 것은 조금 과한 것 같으니, 결합 에너지 말고 다른 감소시킬 에너지를 찾아보자. 일상적으로 흔히 접할 수 있는 에너지 중에는 중력에 의한 에너지가 있다. 물체가 떨어질 때, 그 에너지가 크려면 더 높은 곳에서 떨어지면 된다. 이를 중력에 의한 '퍼텐셜에너지'가 크다고 표현한다. 앞서 중력 가속도에 관해 설명할 때는 높은 곳일수록 중력의 세기가 감소한다고 했지만, 퍼텐셜에너지는 높은 곳일수록 커진다. 나무에서 떨어지는 사과에 맞으면 아프지만, 빌딩 옥상에서 떨어진 사과에 맞으면 죽는 이유이다. 내가 지구의 중력에 대해 가지고 있는 퍼텐셜에너지는 서 있을 때보다 누워 있을 때 감소한다. 서 있다가 넘어지면 다칠 수 있지만, 애초에 누워 있나면 넘어질 일도 없다. 즉 누워 있는 내가 중력에 의해 잠재적으로 가지고 있는 에너지가 더 작다. 에너지는 곧 질량이다. 서 있다가 누우면 질량을 감소시킬 수 있을 것 같다. 남은 일은 퍼텐셜에너지의 변화를 질량 변화로 환산하는 것이다. 이는 간단하다. 앞의 $E=mc^2$ 공식에 내 키와 자세에 따른 퍼텐셜에너지의 변화를 집어넣기만 하면 된다. 계산해보면 그 값은 다음과 같다.

0.000000000001g

어쩐지 아침에 침대에서 일어날 때마다 몸이 좀 더 무거운 기분이 들었다. 다만 물리학적으로 정확하게 말하면 '나'의 질량이 증가한 것은 아니다. 퍼텐셜에너지는 사실 단일 물체에 대한 개념이 아니라 그것을 포함한 전체 시스템에서 정의되는 개념이기 때문이다. 그러니 '지구와 나를 합한' 전체 시스템의 질량이 증가한 것이라고 표현하는 것이 좀 더 정확하겠다. 더 엄밀하게 따져보면 상대성 이론의 '중력' 개념은 고전적인 힘의 개념과 조금 다르다. 따라서 $E=mc^2$ 공식에 중력에 의한 퍼텐셜에너지를 곧바로 대입하는 것은 무리수다. 더 깊게 들어가면 비유클리드 기하학과 상대론적 길이 수축을… 아니다. 이쯤 멈추자. 아무렴 어떠한가. 회사에 지각했을 때 부장님에게 대충 둘러댈 핑곗거리가 생겼다.

"아침에 일어나보니 지구와 나의 상대론적 질량이 증가했어요."

부장님이 물리학적 재능을 가지고 있다면 무슨 뜻인지 단번에 이해해주실 것이다. 그저 아침에 몸이 무거워서 알람을 끄고 늦잠을 잤다는 뜻이다.

6. 나는 왜 여자친구가 없을까?

안정적인 고백의 기술

요즘 연예인이 아닌 사람들을 중심으로 이야기를 풀어가는 리얼리티 프로그램이 여럿 방영되면서 큰 인기를 끌고 있다. 그중 가장 많이 보이는 형태는 소위 '짝짓기' 프로그램인 것 같다. 보통 남녀 비연예인 출연자들을 모아 놓고 고약한 유사 연애를 강요한 뒤 커플을 형성하는 방식이다. 개인적으로 별로 좋아하는 프로그램은 아니다. 평균보다 사회성이 약간 떨어지는 물리학자에게, 다수의 개인이 서로 복잡미묘한 기싸움을 하는 사회실험은 이해하기 어렵기 때문이다. 아마 내가 사회성이 조금 더 좋았다면 재미있게 볼 수도 있었겠지만, 안타깝게도 그렇지 못한 것 같다.

한때는 인기의 근원을 이해해보기 위해 주변 사람들에게

어떤 점이 흥미로운지 물어보기도 했다. 재미를 느끼는 지점은 사람에 따라 다양한 것 같았지만, 많은 사람이 공통적으로 인정하는 부분이 있었다. '욕하면서 보는 재미'이다. 출연자들의 답답한 행동을 비판하고, 그 결과로 겪게 되는 타인의 불행을 즐긴다는 것이다. 독일어로 '샤덴프로이데Schadenfreude'라고 불리는 가학적 재미이다. 나 역시 이런 답답한 행동을 보면서 재미를 느끼기도 한다. 하지만 나의 경우 그 작동 원리가 샤덴프로이데는 아니다. 과학자들은 그런 행동의 결과를 관찰하며 즐기기보단 '더 효율적인 전략이 있을까?'를 고민하는 데에서 오는 재미를 즐기곤 한다. 가령 '게일-섀플리 알고리즘을 적용하면 쉽게 해결될 상황인데, 왜 이걸 도입하는 리얼리티 프로그램은 없지?'와 같은 헛생각이다.

1962년 수학자인 데이비드 게일David Gale과 로이드 섀플리Lloyd Shapley는 서로 각자의 선호도가 있는 집단을 어떻게 안정적으로 매칭matching(짝짓기)할 수 있는지를 연구했다. 여기에서 '안정적'이란 말의 뜻부터 살펴보자. 남자 A, B, C…와 여자 α, β, γ…가 있는 상황이다. 남자 A는 여자 α보다 β를 선호하고 남자 B는 여자 β보다 α를 선호한다. 이때 A를 α와, B를 β와 매칭시키면 이들은 서로의 짝을 버리고 다른 상대와 바람을 피우게 된다. 이런 경우를 '불안정한 매칭'이라고 부른다. 분명 선호도에 따른 더 나은 매칭 방법이 있는데, 그렇지 못한 매칭이 발생했기 때문이다. '안정적인 매칭'의 경우

이런 불안정한 상황을 만드는 경우의 수가 존재하지 않아야 한다.

안정적 매칭 문제는 언뜻 복잡해 보인다. 남성의 선호도뿐 아니라 여성의 선호도도 반영해야 하고, 서로 바람을 피울 여지(각자가 짝을 바꾸면 서로의 선호도가 높아지는)도 제거해야 한다. 게일과 섀플리는 '어떤 상황에서도 항상 안정적인 매칭의 경우의 수가 존재하고, 그것을 달성할 수 있는 간단한 알고리즘이 있다'는 것을 증명했다. 이것을 '게일-섀플리 알고리즘'이라고 부른다. 남녀가 짝을 짓는 경우 알고리즘은 다음과 같이 작동한다. (남성이 여성에게 고백하고 여성이 그것을 수락한다는 고전적 관념이 불편한 분들은 이 둘을 바꿔도 된다. 다만 뒤에서 살펴보겠지만 고백의 주도권을 가진 쪽이 좀 더 유리하다.)

이 알고리즘은 각 라운드로 구성된다. 첫 번째 라운드에서 각 남성은 가장 좋아하는 사람에게 고백하면 된다. 고백을 받은 여성은 만약 자신에게 고백한 남자가 한 명뿐이라면 그 고백을 수락해야 한다. 여러 명에게 고백을 받았다면 그중 가장 마음에 드는 한 명을 선택하면 된다. 그리고 아직 짝지어지지 않은 사람들을 대상으로 다음 라운드를 수행한다.

① 각 남성은 아직 거절 받지 않은 여성 중 자신이 가장 선호하는 여성에게 고백한다.

② 각 여성은 자신에게 고백한 남성 중에서 가장 선호하는 남

성의 고백을 수락하고, 나머지는 거절한다. 한 명만 고백했다면 수락해야 한다.

③ 만약 거절 받은 남성이 존재하지 않으면 알고리즘을 끝낸다.

④ 거절 받은 남성이 존재하면 다시 1번으로 돌아가 다음 라운드를 시작한다.

이 알고리즘이 출력하는 매칭 결과물은 항상 안정적이다. 물론 안정적이라고 항상 서로가 가장 좋아하는 사람을 만날 수 있는 것은 아니다. 모든 남성이 여자 한 명을 최우선으로 좋아한다면, 그 여성의 선택을 받지 못한 남자들은 결과적으로 가장 좋아하는 사람이 아닌 차선의 매칭을 경험하게 될 것이다. 그럼에도 위의 방식으로 매칭을 진행하면 남자 A는 여자 α보다 β를 선호하고 남자 B는 여자 β보다 α를 선호할 때 A를 α와, B를 β와 매칭시키는 불안정한 경우가 절대 발생하지 않는다. 즉 각자의 최선은 아닐지라도 차선을 엮어줌으로써 '더 나은 매칭'이 존재할 여지를 주지 않는다. 게다가 남성과 여성이 각각 n명씩 있다면, 아무리 복잡하게 선호도가 꼬여 있어도 이 알고리즘은 n^2-n+1 라운드 안에 그 결과를 출력한다. 즉 어느 시점에서 항상 안정적인 매칭을 도출해낼 수 있는 것이다.

재미있는 것은 이 알고리즘이 고백을 시도하는 쪽에 조금 더 유리하다는 점이다. 이는 '안정적인 매칭'의 경우의 수가 단 한 가지로 유일한 것은 아니란 데서 발생한다. '안정적인 매칭'에도 남성 집단에 유리한 경우의 수가 있고 여성 집단에 더 만족스러운 경우의 수가 있다. 위의 상황에서, 어떤 남성이 여성에게 고백했다가 거절당한 경우, 그 매칭은 애초에 '불가능'한 것으로 정의된다. 남성은 이런 불가능한 매칭을 제외하면, 가능한 매칭 중 최선인 여성과 매칭된다. 여성의 경우는 조금 다르다. 첫 번째 라운드에서 단 한 명에게만 고백받은 여성이 있다고 해보자. 이 여성은 선택의 여지가 없다. 그 남성이 본인에게 최선이든 차선이든 최악이든 매칭이 된다.

물론 이것이 '불안정한 매칭'은 아니다. 애초에 본인을 고른 남성이 한 명뿐이고, 나머지 남성들의 선호에서 본인이 뒷순위에 있기에 바람을 피울 수 있는 여지는 없다. 안정적인 매칭이지만, 여성 입장에서 최적의 안정적인 매칭은 아니다. 만약 여성에게 고백의 주도권이 있는 상황이었다면, 매칭의 결과가 달라졌을 수 있다. 어쩔 수 없이 최악의 남성과 짝지어지는 것이 아니라 자기 주도하에 차선으로 나아갈 수 있게 된다. 즉 게일-섀플리 알고리즘은 '지원자'들에게 최적의 결과를 제공하는 편이다. 여기서 우리는 한가지 교훈을 얻을 수 있다. 최악의 결과를 어쩔 수 없이 받아들이고 싶지 않다면, 미팅에서 남자든 여자든 주도적으로 고백을 하는 것이 유리하다.

나는 왜 여자친구가 없을까?

다수 대 다수로 사랑의 화살표를 날리는 눈치 게임이 불편하다면 일대일 만남은 어떨까? 일대일 만남의 맹점 중 하나는 눈앞의 사람이 얼마나 소중한지 깨닫기 힘들다는 점이다. 집단 내의 비교는 상대적이기에 어떤 사람의 가치를 쉽게 알아볼 수 있다. 하지만 집단의 배경을 제거하고 나면, 군계일학처럼 보이던 대상도 그 가치를 잃어버린 것처럼 착각하게 될 수 있다. 이럴 때 나는 종종 내가 눈앞의 대상을 만날 확률이 얼마나 될까를 수학적으로 따져보곤 한다. 그리고 나만 이런 생각을 하는 것은 아닌 것 같다. 영국의 수학자 피터 배커스Peter Backus는 〈왜 나는 여자친구가 없을까Why I don't have a girlfriend〉(2010)라는 제목의 논문을 발표했다. 이 논문은 '드레이크 방정식Drake equation'을 적용하여 여자친구 후보의 수를 계산하는 과정을 담고 있다.

우선 뼈대가 되는 드레이크 방정식부터 살펴보자. 이 방정식은 외계인과 조우할 확률을 추산하기 위해 미국의 천문학자인 프랭크 드레이크가 고안한 공식이다.

$$N = R_{*} \cdot f_p \cdot n_e \cdot f_l \cdot f_i \cdot f_c \cdot L$$

N은 우리가 원하는 우리은하 내의 교신 가능한 외계 문

명의 수이다. 이 값은 여러 수치와 확률들을 연속적으로 곱한 결과이다. R_*은 우리은하의 별의 수를 별의 평균 수명으로 나눈 값이다. f_p는 별에 행성이 있을 확률이다. n_e은 그 행성 중 생명체가 살 수 있는 행성의 수이다. f_l, f_i, f_c는 각각 생명체가 발생할 확률, 지적인 생명체로 진화할 확률, 항성 간 교신 기술을 발전시킬 확률이다. 마지막으로 L은 위의 모든 조건을 만족하는 생명체가 멸종하지 않고 교신 기술을 유지하는 기간이다.

변수는 많지만, 간단한 곱셈 연산이기에 집어넣는 값들만 정확하다면 쉽게 계산해볼 수 있다. 다만 문제는 몇몇 변수들이 가진 값을 특정하기 어렵다는 점이다. 별이나 행성의 수는 관측을 통해 어느 정도 추산 가능한 반면, f_l, f_i, f_c, L은 과학자들 사이에서도 논쟁의 여지가 많은 수치이다. 드레이크 방정식은 시실 외계인을 만날 정확한 확률을 알려주기보다는 어떠한 변수들을 고려해야 할지 고민해보는 방법론에 가깝다. 그리고 이러한 방법론을 변형하여 배커스는 자신이 여자친구를 만날 확률을 계산해보았다. 배커스의 공식은 다음과 같다.

$$G = R \cdot f_W \cdot f_L \cdot f_A \cdot f_U \cdot f_B \cdot L$$

G는 여자친구 후보의 수이다. R은 영국에서 사람이 태어

나는 비율이다. f로 표기된 변수들은 역시 비율인데 아래첨자에 따라 각각의 의미를 가진다. f_W는 영국 인구 중 여성의 비율이다. f_L는 그중 런던에 거주하는 비율이고, f_A는 적절한 연령대의 비율이다. (배커스는 24~34세로 한정하여 0.2의 값을 공식에 넣었다.) f_U는 대학 교육을 받은 비율, f_B는 외적으로 매력적인 여성의 비율로 주관적인 값이다. (배커스는 외모 조건을 0.05, 상위 5퍼센트로 설정했다.) 마지막으로 L은 자신이 살아온 세월이다. 살아온 세월 동안 출산율이 크게 변하지 않았다면 R 곱하기 L의 값에 현재 영국의 인구수를 넣어도 된다. 배커스는 이런 주관적 수치와 통계적 결과를 바탕으로 G값을 10,510명으로 추산했다. 당시 영국 인구의 약 0.017퍼센트이다.

다만 이것은 순전히 '후보자'의 수일 뿐, 배커스는 그 사람이 여자친구가 될 확률을 구하기 위해 다른 확률들도 곱해야 한다고 주장한다. 후보자가 배커스를 외적으로 매력적이라고 느낄 확률, 후보자가 싱글일 확률, 그리고 후보자가 배커스와 성격과 취향이 잘 맞을 확률이다. 배커스는 이 확률들을 각각 5퍼센트, 5퍼센트, 10퍼센트로 잡았다. 그러자 10,510명이었던 후보자의 수는 26명으로 좁혀졌다. 절망적인 수치이다. 런던이 아닌 서울로 배경을 바꾸어 보아도 상황은 비슷할 것이다. 이런저런 필터들을 적용하여 추산한 마음에 드는 사람이 나를 좋아할 경우의 수는 매우 희소하다. 이는 우리가 '나는 그냥 착하고 적당히 생긴 평범한 사람이면 돼'라고 말하는 것이 사실은 그리 평범한 경우가 아닐 수도 있다는 점을 보여준다. 마음에 드는 사람과 교제하게 될 확률은 정말로 이렇게 낮을까?

조건에 '완벽'하게 부합하는 사람을 찾으려고 하면, 그렇다. 하지만 상위 5퍼센트 외모라는 필터는 만약 성격과 취향이 잘 맞는 사람일 경우 10퍼센트로 늘어날 수도 있다. 나이나 학력 필터 역시 마찬가지이다. 배커스의 공식은 이러한 점을 반영하진 않았다. 단순히 모든 조건에 완벽하게 부합하는 사람을 걸러내는 공식이기 때문이다. 오히려 내 생각에 이 공식이 시사하는 바는 조건이 한 가지 늘어날수록 그것에 맞는 후보의 수가 엄청나게 빠른 속도로 줄어든다는 것이다. 나이, 학력, 외모 필터에 추가로 소득 수준 필터를 곱하면 그 수가 절반이나 그 이하로 줄어들 것이다.

흔히 '나는 눈이 낮은데 마음에 드는 사람은 못 만나봤어'라고 하는 사람들이 이런 경우이다. 외모 필터가 50퍼센트로 관대한 사람이라도, 직업, 소득, 집안 등 따지는 조건이 몇 개만 더 많으면 상위 5퍼센트의 외모를 추구하는 사람보다 맞는 짝을 만나기가 훨씬 어렵다. 즉 각 조건을 독립적인 것으로 보지 않고, 다른 조건에 의해 양보할 수 있거나 애초에 조건의 수가 적다면 일반적인 경우보다 훨씬 쉽게 마음에 드는 상대를 찾을 수 있다. 그저 당연한 소리 같은가? 어떤 사실은 수학적으로 따져보면 더 와닿기 마련이다. 조건이 많은 사람은 각 조건의 기준이 관대하더라도 외계인을 조우할 확률보다 여자친구가 생길 확률이 낮게 산출될 수 있다.

결혼 상대를 고르는 방법

이런 수학적인 알고리즘과 확률적 한계들을 극복하고 서로의 마음에 쏙 드는 연인관계로 발전했다면, 일단 축하한다. 하지만 수리연애학 문제는 여기서 끝나지 않는다. 나이가 들고 연애 경험이 쌓여감에 따라 다가오는 인생의 중대사가 있다. 결혼이다. 많은 사람의 고민 중 하나는 '지금의 상대가 내 인생에서 최선의 선택일까?' 하는 문제일 것이다. 애매한 상황에서 지금의 연인관계를 정리하고, 더 맞는 사람을 만나기 위해 새로운 탐색을 시도해봐야 할지 아니면 정착해야 할지 판단하는 것은 합리적인 기준을 설정하기 어려운 문제이다. (나만 이런 고민을 한다면, 아마도 내가 평균보다 낭만이 부족하고 사회성이 떨어지는 이공계인이기 때문일 것이다.)

결혼하기에 앞서 몇 명의 사람을 만나봐야 할까? 사실 이 문제는 수학적으로 정답이 있는 문제이다. '최적멈춤문제optimal stop problem'라는 수학 이론의 한 갈래다. 우선 이 이론에 따른 결혼 후보자 문제의 정답부터 공개하면 다음과 같다.

최고의 선택을 내리려면 후보의 37퍼센트 정도를 차례로 만나보고 헤어진 뒤, 그다음 만나는 후보가 지금까지 만나본 사람 중 제일 좋은 사람이라면 거기에서 멈추면 된다.

만약 내가 일생에서 10명의 사람을 만나볼 심산이었다면 (혹은 그럴 여유와 능력이 된다면), 3명까지는 상대가 좋든 싫든 헤어지고 다음 사람을 만나보는 것이 확률적으로 유리하다. 그리고 네 번째 이후부터 만나게 된 사람이 지금까지 만나본 사람 중 가장 좋은 사람 같다면 거기에서 탐색을 멈추고 정착하면 된다. 인터넷이나 과학 교양서의 많은 글도 최적멈춤문제의 해답을 제시하며 이런 식으로 설명하곤 한다. 이는 오해를 불러일으키기 마련이다. 최적멈춤문제의 결론은 세 번째 연애 대상과 결혼했다면 이혼해야 한다는 것이 아니다. 그러니 선불리 이혼 절차를 밟거나 연인에게 이별 통보를 하기 전에 이 결론이 어떤 식으로 작동하는 것인지 따져봐야 한다. (다만 유도 과정은 꽤 복잡할 수 있으니 수식이 나오는 부분을 건너뛰어도 좋다.)

결혼 상대를 면접하는 상황을 상상해보자. 여기에는 n명의 지원자가 있다. 이 중 최고의 지원자를 a라 하자. 인생은 짧기에 모든 지원자를 심사해볼 시간이 없다. 우리는 x명째부터 기존에 살펴본 지원자보다 좋은 사람이라고 생각되는 최초의 지원자를 합격시킬 것이다. 이는 $x-1$명까지는 일단 거른다는 것을 뜻한다. 이 첫 $x-1$그룹을 '걸러내기 그룹'이라고 하자. 이 전략을 통해 a를 뽑았다면 성공이다. 지원자가 n명일 때 우리의 x-1명 걸러내기 전략이 성공할 확률은 다음과 같이 각 경우의 확률들을 더해주면 된다.

전략의 성공 확률 =
a가 1등으로 면접 볼 때 성공 확률
+ a가 2등으로 면접 볼 때 성공 확률
+ a가 3등으로 면접 볼 때 성공 확률
+ …
+ a가 n등으로 면접 볼 때 성공 확률

그런데 운이 나빠 a가 걸러내기 그룹 안에 있다면 전략은 무조건 실패한다. 그러니 성공 확률의 계산에 a가 면접을 보는 순서가 x보다 작은 경우는 고려할 필요가 없다. 따라서 다음과 같이 줄일 수 있다.

전략의 성공 확률 =
a가 x등으로 면접 볼 때 성공 확률
+ a가 $x+1$등으로 면접 볼 때 성공 확률
+ a가 $x+2$등으로 면접 볼 때 성공 확률
+ …
+ a가 n등으로 면접 볼 때 성공 확률

이 식에서 각 줄의 성공 확률을 구해보자. 만약 a의 순서 전에 면접을 본 모든 사람 중 최고로 좋아 보이는 사람이 걸러내기 그룹에 있지 않다면 전략은 실패한다. 이 경우 a를 만나기 전에 a를 제외한 누군가를 결혼 상대로 고르게 되기 때문이다. 반대로 성공하는 경우는 a가 특정 순서(x등~n등 사이)에 면접을 보게 되고 그 순서 전에 면접을 본 모든 사람 중 a를 제외하고 최고로 좋아 보이는 사람이 걸러내기 그룹에 있는 경우이다. a가 특정 순서에 면접을 볼 확률은 n분의 1이다. 그 특정 순서를 i라고 한다면, i등보다 먼저 면접을 본 사람의 수는 i-1이다. 그중 괜찮아 보이는 사람이 걸러내기 그룹에 존재할 확률은, 걸러내기 그룹의 수가 x–1이었으므로 $(x-1)/(i-1)$이 된다. 즉 각 줄의 성공 확률은 $1/n$에 $(x-1)/(i-1)$을 곱한 값이 된다. 우리는 a의 면접 순서가 x등에서 n등까지인 경우만 고려하면 되므로, 총확률은 i가 x에서 n의 사이의 값을 가질 때 모든 줄의 성공 확률을 더해주면 된다. 이를 수식으로 표현하면 다음과 같다.

$$\frac{1}{n}\left(\frac{x-1}{x-1}+\frac{x-1}{x}+\frac{x-1}{x+1}+\frac{x-1}{x+2}+\cdots+\frac{x-1}{n}\right)$$
$$=\frac{x-1}{n}\left(\frac{1}{x-1}+\frac{1}{x}+\frac{1}{x+1}+\frac{1}{x+2}+\cdots+\frac{1}{n}\right)$$

일단 우리가 궁금한 것은 위의 성공 확률이 최대가 되

게 하는 x의 값이다. 지원자가 n명이고, 만나본 사람 중 최선인 것 같은 지원자를 고르는 전략을 사용할 때 몇 명(x-1명)을 걸러낸 후에야 최고의 지원자를 뽑을 확률이 최대치가 되느냐는 뜻이다. 숫자를 집어넣고 미적분을 활용하여 계산해보면, 지원자가 10명일 때는 3명을 거르면 된다. 20명이면 7명을, 100명이면 37명을 거르면 된다. 지원자의 수가 많아질수록 걸러야 할 비율은 전체 지원자의 36.78퍼센트에 가까워진다. 즉 이 비율만큼의 초반 지원자들을 걸러내고, 그다음에 만나본 사람이 이전에 만나본 사람들보다 괜찮다면, 그 사람이 최고의 사람일 확률이 높다. 하지만 주의할 점은 x의 최적값을 알아내도, 성공 확률은 100퍼센트가 아니라는 것이다. 우리는 성공 확률이 최대가 되게 하는 x만 살펴보았지, 그 성공 확률 자체는 아직 계산해보지 않았다.

'최고의 사람'을 뽑는 것이 성공의 기준이라면 걸러내기 전략이 성공할 확률은 약 37퍼센트이다. 앞서 본 걸러내기 그룹의 비율과 같다. (성공할 확률과 걸러낼 그룹의 비율이 같은 것은 우연이 아니라 자연로그함수의 특징 때문인데, 이는 복잡하니 굳이 설명하지 않겠다.) 중요한 것은 이 전략의 성공 확률이 현실에 적용하기에는 그리 높아 보이진 않는다는 점이다. 걸러내는 비율의 최적화를 통해 최선의 전략을 찾긴 했지만, 성공 확률이 37퍼센트면 거의 세 번 중 두 번꼴로 실패하는 셈이다. 그러니 본인의 연애 경험이 세 번 미만이고, 첫사랑이나 두 번째 연인과 결혼했다고 해서 굳이 이혼할 필요는 없다.

오히려 이 전략의 성공 확률은, 최고의 사람이 아닌 '어느 정도 수준의' 사람을 찾는 경우라면 유의미하게 올라간다. 만약 상위 5퍼센트의 배우자감을 찾는 것이 목표라면 최적의 x값에서 그 성공 확률은 57퍼센트가 된다. 절반이 넘는 성공률이다. 상위 10퍼센트를 찾고 있다면 성공 확률은 85퍼센트까지 올라간다. 이 정도면 상당히 유의미한 전략이 된다. 재밌는 것은 이렇게 목표를 좀 더 관대하게 설정했을 때, 최적의 걸러내기 그룹의 비율도 변화한다는 점이다. 상위 5퍼센트를 찾는 것으로 목표를 설정했을 때, 최적의 걸러내기 비율은 기존의 37퍼센트가 아닌 22퍼센트이다. 이렇게 목표를 잡았다면, 10명의 후보자가 있을 때 3명이 아닌 2명만 거르고 세 번째부터 만나게 되는 대상이 기존의 2명보다 좋은 사람인지 따져보면 된다. 목표를 넓게 잡을수록 전략의 성공 확률은 올라가고, 최적의 걸러내기 비율은 감소한다. 각 목표에 따른 이러한 수치들이 궁금하다면 다음 표를 참고해보자.

목표 범위	걸러내기 비율	성공 확률
1등만 성공	37%	37%
상위 5%	22%	57%
상위 10%	14%	85%
상위 25%	7%	92%

이제는 무지성으로 10명 중 3명을 거르는 것이 아닌, 목표치에 대한 확실한 기준이 생겼다. 마지막으로 생각해볼 것은 일생에서 차례로 만나게 될 후보자의 수가 몇 명일지 따져보는 것이다. n의 값을 추산하는 방법은 여러 가지가 있을 수 있다. 나는 다음의 공식을 제안한다. 우선 '이 나이 전에는 결혼하고 싶다'라는 명확한 시점이 필요하다. 이 나이를 m이라고 하자. 그리고 내가 인생에서 첫 연애를 시작한 나이를 f, 현재 나이를 c로 설정한다. 첫 연애로부터 현재에 이르기까지 기간인 $c-f$를 지금까지 연애 횟수인 d로 나눈 값은 연애 휴식기를 포함한 평균 연애 기간이다. 이 평균 기간으로 전체 기간인 $m-f$를 나눠주면 우리는 예상되는 n의 값을 다음과 같이 구할 수 있다. (연애가 아닌 소개팅과 같은 데이트 대상의 수로 바꾸어 생각해도 좋다.)

$$n=d\left(\frac{m-f}{c-f}\right)$$

이렇게 계산한 n값에 목표에 따른 걸러내기 비율을 곱해주면 우리는 수학적으로 최적화된 결혼 전략을 구사할 수 있다. 목표 범위에 따른 걸러내기 비율을 r이라고 하면 결혼 전략의 기준이 될 사람의 수는 $n \cdot r$이다. 어떤 사람의 나이 c가 22세이고, 본인의 결혼 목표 나이 m을 35세 이전으로 잡았다고 해보자. 그리고 첫 연애 시기 f는 20세고, 지금까지 세 명의 이성을 만나봤다($d=3$). 즉 2년에 세 번꼴로 새로운 데이트를 해본 셈이다. 첫 연애부터 결혼 목표 나이까지 15년의 기간($m-f=15$)이 있기에 지금의 탐색 빈도를 유지한다면 22.5명의 결혼 후보자($n=22.5$)를 확보할 것으로 기대된다. 만약 상위 5퍼센트의 후보자를 찾는 것을 목표로 했다면 걸러내기 비율 r값을 22퍼센트로 설정하면 된다. 22.5명의 22퍼센트는 4.95명이다($n \cdot r=4.95$). 기존의 탐색 빈도를 유지한다고 가정했을 때, 데이트 상대 중 다섯 번째 대상까지는 연이 닿지 않더라도 너무 상심할 필요가 없다. 이후에 이전 상대들보다 좋은 사람을 찾았다면, 그 대상은 절반 이상의 확률로 후보 중 상위 5퍼센트 안에 드는 배우자감일 것이다.

최고의 사랑을 찾아서

나이가 어린 편이라면 성공 확률을 높일 기회가 많이 남아 있다. 연애 경험이 누적될수록 후보자 탐색의 횟수는 $n \cdot r$ 값에 가까워지고 전략의 기준을 수립할 수 있게 된다. 젊은 청춘의 시기에 이별을 겪게 된다면 슬프겠지만, 너무 절망에 빠질 필요는 없다. 앞으로 다가올 인연들에 비해 그리 좋은 사람이 아니었을 가능성이 크다. 이는 진부한 위로가 아닌 수학적 사실이다. 더 큰 문제는 지금까지 연애 횟수 d가 $n \cdot r$

의 값보다 큰 경우다. 이런 경우, 현재 나이에 비해 너무 많은 사람을 만나버려 앞으로 만날 사람보다 떠나보낸 사람 중에 더 좋은 사람이 있었을 확률이 높다. 안타깝게도 떠나간 배는 돌아오지 않는다.

그럼에도 희망의 끈을 놓을 필요는 없다. 더 좋은 사람이 나타날 확률이 과거에 비해 감소한 것은 사실이다. 하지만 이런 확률을 뚫고, 과거의 수많은 연애 경험보다 더 좋은 사람을 만나게 됐다면 이는 그 사람이 인생에서 최고의 사람일 가능성이 매우 높다는 것을 의미한다. 다른 방법도 있다. 지금부터라도 데이트 횟수 d를 증가시키는 것이다. 위의 n을 나타내는 식에서 d에 곱해진 $(m-f)/(c-f)$는 1보다 큰 수이기에 d를 증가시켰을 때 n은 이보다 더 빠르게 증가한다. 그 결과 기존에 d보다 작았던 $n \cdot r$값을 다시 d보다 크게 만들어 줄 수 있다. 아니면 결혼 시점 m을 늦추는 방법도 있긴 한데, 현실에 굴복하는 느낌이라 별로인 것 같다.

수학적인 객관화는 현실을 냉철하게 판별하고 전략을 수립할 수 있게 도와준다. 그리고 여기에서 긍정적이거나 절망적인 포인트를 잡아내는 것은 주관적인 능력이다. 그런데 글쓴이는 이런 복잡한 알고리즘을 적용하여 인생 최고의 사랑을 찾았을까? 때로 어떤 질문들에는 구구절절 대답하지 않는 편이 낫다. 연인에게 책잡힐 요소를 굳이 글로 남겨둘 필요는 없기 때문이다. 다만 힌트를 주자면 나의 현재 d는

$n \cdot r$보다 꽤 크다. 미래의 배우자가 이 문장에 숨겨진 뜻을 잘 이해할 수 있는 사람이라면—역설적으로—미래의 나는 최고의 사랑을 찾은 것이다.

2부

과학의 오지랖에는 한계가 없다

7. '눈에는 눈, 이에는 이'의 과학적 정당성

증오와 복수의 시대다. 타자화된 존재는 그저 남이 아닌 악인이다. 악인이 저지르는 모든 행위는 악행이다. 그리고 악행을 저지른 사람은 벌을 받아야 한다. 사회가 벌하지 못한다면 개인이 나선다. 이런 자력구제와 징벌적 서사는 많은 사람을 매혹한다. 넷플릭스 드라마 〈더 글로리〉(2022~2023)의 흥행이나 영화 〈범죄도시〉(2017) 후속작들의 연이은 1000만 관객 달성은 이것을 증명한다. 가상의 미디어만이 아니다. 현실 세계도 잔혹한 복수로 점철되어 있다. 도덕성의 결여가 잠깐이라도 노출되는 순간, 유명세의 크기는 그것을 소유했던 자가 얼마나 빠른 속도로 추락하는지의 지표가 된다. 증오는 정의 구현의 탈을 쓴 복수의 이름으로 맹위를 떨친다.

이런 세태에 대한 많은 분석이 쏟아져 나온다. '외환위기 이후 고용 불안과 빈부격차가 억울한 삶에 의한 피해의식을 사회 전반에 퍼트렸다'거나 '무한 경쟁으로 황폐해진 사회 현실을 반영함과 동시에, 그런 현실을 향한 분노 표출과 해소의 대리 기제'라거나 '온정주의와 교화에 초점을 둔 현대 형벌이 법에 따른 동해 보복(눈에는 눈, 이에는 이)을 막고 있기에 엄벌주의적 보복 심리가 충족되지 않는다'는 식이다.

복수라는 딜레마

2023년의 어느 저녁, 퇴근 후 막 공개된 〈더 글로리〉의 마지막 화를 시청했다. 흥미진진했던 복수극의 시간이 끝난 후, 관련된 리뷰 영상들을 찾아봤다. 사실 위 문단에 적혀 있는 말들은 이런 영상들에서 흔히 볼 수 있는 분석이었다. 뭐, 그럴듯해 보이긴 한다. 다만 드라마의 여운에 과몰입하여 복수에 눈이 돌아간 자에게 이런 분석은 그저 고고한 문학 비평적 서술로 치장한 뻔한 소리로 들렸다. 특히 어떠한 현상에 대한 설명을, 나는 숫자나 과학적 논리체계를 제시하기 전에는 잘 믿지 않는 편이다.

꼬리에 꼬리를 물고 복수에 대한 생각을 이어 나가던 중, 과거 이와 비슷한 논의를 접했던 기억이 떠올랐다. 복수는 진정 보편적인 가치일까? 만약 그렇다면 이를 추구하는 합리적인 이유가 있을까? 이런 질문을 다뤘던 수학적·과학적 실험이 무엇이었는지, 그 논리는 어떠했으며 결과로 도출된 함의는 무엇이었는지 차차 기억나기 시작했다. 그리고 나는 복수의 견고한 과학적 속성을 다시금 생각하게 되었다.

'죄수의 딜레마prisoner's dilemma'라는 유명한 논제가 있다. 1950년대에 등장한 이 사고실험은 이후 수많은 논쟁과 후속 연구를 촉발했다. 일종의 게임과도 같은 논의는 다음의 상상으로부터 출발한다.

> 범죄 조직의 두 용의자가 체포되어 구치소에 수감되어 있다. 각 수감자는 독방에 따로 갇혀 있고 서로 말하거나 메시지를 주고받을 방법이 없다. 경찰은 각 수감자에게 다가가 다음과 같은 은밀한 제안을 한다.
>
> ① 둘 다 범죄를 자백한 경우, 둘 다 1년 형을 선고한다.
>
> ② 둘 다 범죄를 부인한 경우, 둘 다 2년 형을 선고한다.
>
> ③ 한 명이 범죄를 자백하고 다른 한 명이 부인할 경우 자백한 쪽에는 3년 형을 선고하고, 부인한 쪽은 풀어준다.

각자의 선택에 따른 결과를 표로 정리하면 다음과 같다.

각자의 선택	B: 자백	B: 부인
A: 자백	둘 다 1년 형	A는 3년 형, B는 풀려남
A: 부인	A는 풀려남, B는 3년 형	둘 다 2년 형

A의 입장에서만 생각해보자. B가 어떤 선택을 할지는 모른다. 만약 A가 자백을 한다면 B가 어떤 선택을 하든 A는 1년 혹은 3년을 감옥에서 보내게 된다. 하지만 부인한다면, 풀려나거나 2년 형만 받게 된다. 자백하는 것보다 범죄를 부인하는 편이 A의 입장에서는 합리적인 선택이다. 1년 혹은 3년보다는 0년 혹은 2년이 더 좋아 보이기 때문이다. 그런데 B의 입장에서도 이는 마찬가지이다. 그리고 A, B가 각자에게 합리적인 선택—범죄를 부인하는—을 한다면 결과적으로 둘 다 2년 형을 받는 결과를 얻게 된다. 이것이 이 논의가 딜레마라고 불리는 이유이다. 둘 다 1년 형을 받을 수 있는 경우의 수가 분명히 있는데도 각자가 자신만의 합리적인 선택을 추구하다 보면 둘 다 2년간 감옥에 갇히게 된다.

다만 이것은 단 한 번의 기회만 존재할 때의 상황이다. 위의 딜레마에서 '복수'라는 키워드는 아직 등장하지 않았다. 복수가 개입할 여지가 있으려면, 여러 번의 반복적인 시행이 필요하다. 이를 간단히 점수화하기 위해 위의 상황을 약간 변형하여 게임으로 만들어보자. 둘 다 자백하기로 합의했다면, 일종의 협력을 선택한 것이다. 하지만 상대가 협력의 의사를 보일 때, 배신을 통해 상대방에게는 손해를, 나에게는 더 큰 이득을 가져올 수 있다. 둘 다 배신을 한다면, 협력을 선택한 것보다는 손해를 보게 된다. 이때 협력과 배신의 결과에 따라 점수를 설정해보자.

각자의 선택	B: 협력	B: 배신
A: 협력	둘 다 3점	A는 0점 B는 5점
A: 배신	A는 5점 B는 0점	둘 다 1점

A와 B가 모든 판에서 협력 또는 배신을 선택하고, 그 결과에 따라 점수를 나눠 가지는 게임이다. 상황은 죄수의 딜레마와 같지만, 이번에는 한 판만 하는 것이 아니라 여러 판을 진행해야 하기에 '합리적'인 선택이 무엇인지가 더 복잡해졌다. 단판 승부라면 여전히 배신하는 선택지가 매력적으로 보인다. 협력을 선택하면 3점이나 0점을 가져가는 경우만 있지만, 배신하면 5점이나 1점을 받을 수 있기 때문이다. 다만 둘 다 계속 배신만 하는 전략을 취한다면 모든 판에 계속해서 1점밖에 얻지 못하는 결과를 받을 수도 있다. 따라서 상대의 의중을 잘 파악하여 함께 협력함으로써 3점을 얻어가는 전략을 취할 수도 있다. 어떤 전략이 이런 반복적인 죄수의 딜레마 게임에서 가장 효과적일까?

팃포탯, 딱 내가 받은 대로만

미국의 정치학자 로버트 액설로드Robert Axelrod 역시 같은 의문을 가지고 있었다. 그는 컴퓨터 게임 대회를 열었다. 그리고 많은 학자가 이 대회에 뛰어들었다. 참가자들은 각자 자기만의 '프로그램'을 제출했다. 대회의 규칙은 단순했다. 각 프로그램이 위의 점수표를 가지고 일대일 대결을 펼친다. 한 대결은 200회의 죄수의 딜레마 라운드로 구성되어 있다. 라운드마다 협력할지 배신할지는 각 프로그램에 미리 작성된 알고리즘에 의해 결정한다. 그리고 라운드마다 위의 표를 바탕으로 점수를 얻는다. 마지막으로 모든 프로그램이 서로 맞대결을 한 뒤 각 대결에서 얻은 총점을 합산하여 대회의 순위가 정해진다. 죄수들의 천하제일 무술대회다.

대회에 참가한 프로그램 중에는 아주 복잡한 판단 알고리즘을 사용하는 것도 있었지만, 매우 단순한 규칙을 가지고 작동하는 것들도 있었다. 예를 들어 '프리드먼Friedman'이라는 프로그램의 경우, 첫 라운드부터 계속 협력하는 선택을 한다. 하지만 상대 프로그램이 한 번 배신을 한 순간 그다음 라운드부터는 무조건 본인도 배신만을 선택하는 프로그램이다. 가차 없는 보복을 하는 프로그램이라 할 수 있다.

반면 '팃포탯tit-for-tat'이라고 불린 프로그램은, 첫 라운드에는 협력을 선택하지만, 그다음 라운드부터는 상대가 이전 라운드에서 했던 선택을 그대로 되갚아주었다. '눈에는 눈, 이에는 이' 전략을 사용하는 것이다. 상대가 협력했다면 다음에 함께 협력하지만, 상대가 배신한다면 다음에는 가차 없이 배신으로 복수한다. 다만 상대의 배신을 절대 용서하지 않는 프리드먼과 다르게 팃포탯은 한 번 배신했던 상대라도 그다음에 협력의 제스처를 취하면 다시 협력할 수 있었다. 이 외에도 일정 확률로 선제 배신을 하는 프로그램이나 상대의 기존 선택을 통계 내어 자신의 전략을 수정하는 복잡한 프로그램들도 있었다. 첫 대회에는 14개의 프로그램이 참가했다. 각 프로그램은 다른 프로그램들과 맞붙었고, 대회가 끝난 후 최종 순위가 발표되었다.

첫 대회의 우승자는 '팃포탯'이었다. 그저 상대의 이전 행동을 똑같이 되갚는 단순한 프로그램이었지만 다른 복잡한 알고리즘을 누르고 가장 높은 점수를 획득했다. 그런데 점수 순위를 살펴보니 흥미로운 점을 한 가지 발견할 수 있었다. 학자들은 우선 프로그램을 두 가지 부류로 나눴다. 다른 프로그램보다 먼저 배신을 하는 경우가 있는지 없는지가 그 기준이었다. 상대가 배신하기 전에는 항상 협력을 추구하는 프로그램은 '선한' 프로그램으로 분류되었다.

앞서 설명했던 '프리드먼'이나 '팃포탯'의 경우 절대로 먼저 배신하지는 않기에 선한 프로그램이다. 반대로 상대가 배신하지 않았는데 먼저 배신을 하는 프로그램은 '사악한' 프로그램으로 분류된다. 첫 대회에 참가한 14개의 프로그램 중 8개가 선한 프로그램이었고 6개는 사악한 프로그램이었다. 그런데 놀랍게도 대회 순위 중 1위부터 8위까지가 모두 선한 프로그램이었다. 앞서 단판 승부로 결정하는 죄수의 딜레마 상황에서는 배신하는 것이 합리적 선택처럼 보였다. 하지만 대회 결과를 보면, 반복되는 죄수의 딜레마에서는 서로 협력하는 편이 우월한 전략처럼 보인다.

선한 선택이 승리하는 이유

왜 이런 현상이 발생했을까? 우선 프리드먼과 팃포탯이 맞붙는 상황을 생각해보면 된다. 이 두 프로그램은 절대 먼저 배반하지 않기 때문에, 항상 협력을 선택한다. 즉 안정적으로 처음부터 끝까지 협력을 통해 라운드마다 3점을 획득한다. 사실 이는 '선한' 프로그램끼리 맞붙었을 때 항상 발생하는 상황이다. 즉 게임 참가자 중 선한 프로그램이 많다면, 선한 프로그램들은 서로 일정 수준의 점수를 보장하는 시너지를 낸다. 사악한 프로그램끼리 맞붙는 경우에는 그렇지 않다. 서로 5점을 얻을 기회를 노리며 배신을 하다가 공멸의 늪에 빠져 1점만 얻기 십상이었다. 그런데 왜 하필 선한 프로그램 중에서도 팃포탯이 가장 좋은 성적을 냈을까?

이는 이후 개최된 2차 대회 결과를 살펴보면 더 잘 이해할 수 있다. 액설로드의 첫 천하제일 무술대회 이후 많은 사람들이 '팃포탯'을 필두로 한 선한 프로그램들에 도전장을 내밀었다. 2차 대회에는 세계 각지에서 개발된 62개의 프로그램이 참가했다. 그중에는 이전보다 더 정교한 알고리즘으로 다른 프로그램과의 대결에서 우위를 점하고자 하는 '간사한' 프로그램들도 있었다. '테스터Tester'라는 프로그램은 다른 프로그램을 떠보는 유형이었다. 첫 라운드에서 '테스터'는 배신을 선택한다. 만약 그다음 라운드에서 상대방이 즉각적인 복수를 감행하면 '테스터'는 화해의 제스처를 취한다(협력을 고른다). 상대방이 즉각적인 복수를 하지 않으면 '테스터'는 다시 배신을 선택한다.

'테스터'는 '팃포탯'보다 '관내한' 프로그램에 매우 효과적이었다. '테스터'에게 좀처럼 복수를 감행하지 않는 '호구 같은' 프로그램을 상대로 많은 라운드에서 5점을 착취할 수 있었기 때문이다. 이런 호구들은 '테스터'에겐 점수 자판기에 불과했다. 하지만 이런 간사한 전략은 '팃포탯'에는 먹히지 않았다. '팃포탯'은 이런 교활한 프로그램들을 상대로도 즉각적 복수를 통해 점수를 방어해냄과 동시에 계속해서 착취당할 여지를 주지 않았다. 즉 다른 선한 프로그램들보다도 교활한 전략에 강경한 대처를 선보였다.

그 결과 '팃포탯'은 2차 대회에서도 다른 쟁쟁한 경쟁자들을 누르고 우승했다. 대회 순위를 보면 더 흥미로운데, 여전히 상위 15등 중 14개로 선한 전략이 득세했다. 단 1개만이 사악한 전략이었다. 선한 전략끼리의 시너지 효과는 생각보다 강력했다. 하위 15등에서는 14개의 프로그램이 사악한 프로그램이었다. 그리고 하위권에는 단 1개의 선한 프로그램이 있었는데, 그것은 앞서 설명한 '프리드먼'이었다. 한 번 배신한 상대를 절대 용서하지 않고 철저한 응징을 가하는 전략 말이다. 상대의 첫 배신이 발생한 뒤 '프리드먼'은 상대에게 협력할 기회를 주지 않기에, 배신하기 좋아하는 사악한 프로그램이 점수를 착취해가는 것을 응징할 수는 있었다. 하지만 자신의 점수 역시 상호 배반을 통해 1점밖에 얻지 못하는 경우가 많았다. 즉 사악한 프로그램의 점수를 끌어내리는 데는 효과적이었으나, 자신도 큰 피해를 본 것이다.

반면 용서할 줄 아는 '팃포탯'은 배신을 일삼는 상대와의 거래에서도 공멸하기보다는 일정 수준 이상의 점수를 보장해주었다. 먼저 배신을 했던 사악한 프로그램이 화해의 제스처를 취하면, '팃포탯'은 바로 다음 라운드에 용서한다. 그리고 상호협력을 통해 점수를 확보할 기회를 가진다. 그것이 진정한 화해이든, 화해하는 '척'이든 중요치 않다. 협력을 통해 점수만 얻으면 된다. 다시 배신이 발생한다면, 응징하면 그만이다.

'팃포탯'의 전략은 즉각적인 보복을 통해 소위 '호구 잡히는' 상황을 피하고, 즉각적인 용서를 통해 상호 공멸의 구렁텅이에 빠지지 않는 것으로 요약할 수 있다. '팃포탯'은 선한 프로그램과는 완벽한 협력을 구사하고, 사악한 프로그램은 어느 정도 수준으로 응징하면서도 서로 나락에 떨어지진 않는다. '팃포탯'이 행하는 '눈에는 눈, 이에는 이'는 복수만이 아닌 용서도 포함한다. 다만 즉각적이고 똑같이 되갚아줘야 효과적이다.

미치광이와 마이웨이가 흔드는 판

그렇다면 '팃포탯'이 모든 전략을 상대로 우월한 전략이라고 할 수 있을까? 그렇지는 않다. '팃포탯'이 상대하기 까다로워하는 프로그램도 있다. 한가지는 '무작위'이다. 말 그대로 상대의 전략에 상관없이 협력 혹은 배신을 마음대로 고르는 '미치광이'와 같은 전략이다. 이런 임의성을 가진 프로그램을 상대로 '팃포탯'은 그저 의미 없는 복수와 용서를 반복할 뿐이다. '팃포탯'이 미치광이를 상대로 이기고 지는 것은 순전히 운의 영역이 되고 만다.

게다가 '팃포탯'이 항상 불리한 상대도 있다. 처음부터 무조건 배신만 선택하는 프로그램이다. 절대로 남을 믿고 협력하는 일이 없는 '마이웨이my-way' 전략이다. '팃포탯'은 이런 프로그램을 상대로 항상 첫 라운드에 자신은 0점을 받으면서 5점을 내어준다. 그러고는 파국이다. 이 '마이웨이' 프로그램은 무조건 배신만 하기에 '팃포탯' 역시 배신을 선택할 수밖에 없다. 다음 라운드부터는 둘 다 1점만 받는 상호 공멸이 발생한다. 이렇듯 '팃포탯'에 약점이 없는 것은 아니다.

흥미롭게도 이런 '마이웨이' 전략은 '미치광이' 전략을 상대로도 효율적이다. '미치광이'는 '마이웨이' 전략을 상대로 0점 혹은 1점밖에 얻을 수밖에 없다. 하지만 '마이웨이'는 '미치광이'를 상대로도 1점 혹은 5점을 계속 얻을 수 있다. 미치광이들이 날뛰는 망해버린 세상(포스트 아포칼립스)을 다룬 미디어 작품에서 아무도 믿지 않는 마이웨이형 인간들이 자주 등장하는 이유를 설명할 수 있을 것 같다. 다만 이 역시 최고의 전략은 아니다. 세상에는 미치광이만 존재하는 것이 아니기 때문이다. '미치광이'나 '마이웨이' 전략은 다른 프로그램에 대처 불가능한 손해를 끼칠지언정, 완벽한 협력을 통해 고득점을 보장받을 기회를 놓치게 된다. 이들은 '팃포탯'을 이겨 먹을 수는 있지만, 그 과정에서 고득점을 얻는 것도 아니며, 이는 다른 프로그램을 상대할 때도 마찬가지이다.

학자들은 이런 상성 관계로부터 프로그램 자체의 전략도 중요하지만, 전체 프로그램 집단의 구성도 중요하다는 사실을 깨닫게 되었다. 마치 '미치광이'만 있는 세상에서는 '마이웨이'가 우월한 전략인 것처럼 말이다. 그리고 이런 집단의 구성 역시 시뮬레이션해볼 수 있다. 지구상에는 다양한 종이 존재한다. 그리고 어떤 종의 살아 있는 개체의 숫자가 그 종의 생존 전략이 유효했음을 증명하는 것처럼, 우리는 다양한 프로그램이 세대를 거듭하며 번성해가는 과정을 실험해볼 수 있다. 대회를 여러 번 반복해서 진행하는 것이다.

협력은 어떻게 진화하는가?

한 대회가 끝나면, 점수에 따라 순위를 매기고, 점수에 비례하여 각 프로그램을 복제한다. 점수가 높은 프로그램들은 다음 대회에 자신을 복제한 프로그램들과 함께 참가할 수 있다. 마치 진화론의 자연선택처럼, 점수를 잘 얻은 프로그램은 자손을 더 많이 퍼뜨릴 수 있는 것이다. 즉 성공한 전략은 번성하고, 실패한 전략은 도태된다. 이 과정을 통해 세대를 거듭할수록 프로그램 집단의 구성이 변화하게 된다. 그리고 이러한 구성의 변화 속에서도 잘 번성하는 프로그램이 있다면, 이는 진정으로 우월한 전략이라고 볼 수 있다. 연구자들은 액설로드의 대회에 참가했던 프로그램들을 가지고 이런 반복되는 대회를 통한 번성-멸종 시뮬레이션을 진행해보았다. 그리고 몇 가지 패턴을 발견할 수 있었다.

우선 하위권 전략들은 금세 멸종하고 말았다. 첫 세대 간의 대회에서 하위권의 점수를 얻은 전략들은 세대가 거듭될수록 그 수가 줄어들기만 했다. 중위권과 중상위권의 전략들은 꽤 흥미로운 행태를 보였다. 어떤 전략은 점차 그 수를 늘

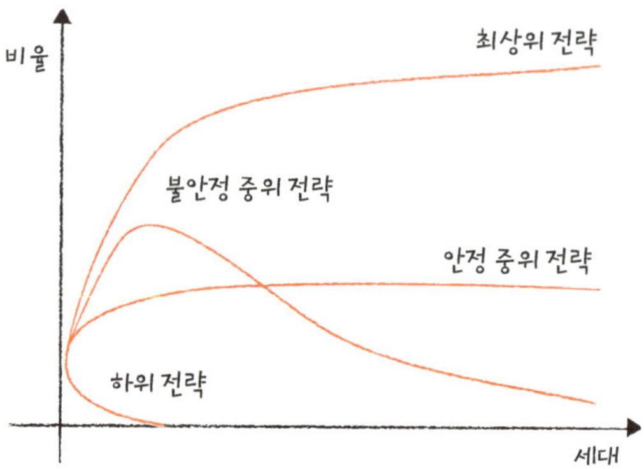

려나가면서 일정 비율을 안정적으로 유지해나갔다. 그런데 특정 전략은 초반에는 빠른 속도로 세력을 불려나가기 시작했지만, 어느 시점 이후로 이전의 명성을 되찾지 못했다. 액설로드의 2차 대회에서 사악한 전략 중 유일하게 상위 15위 안에 들었던 '해링턴Harrington'이 대표적인 사례이다.

이 프로그램은 초반에는 협력하는 척하며 선한 프로그램을 상대로 함께 일정 점수를 확보한다. 그러다가 '테스터'처럼 한 번씩 '호구'를 찾기 위해 배신으로 간을 보고 그 이후에는 착취하는 프로그램이었다. 이 전략은 시뮬레이션 초반 세대에는 성공적이었다. 하지만 세대가 반복되고, 프로그램 집단의 분포가 변하자, '해링턴'도 그 설 자리를 잃었다. 잡아먹을 호구들이 멸종했기 때문이다. 반면 계속해서 번성해나가는 최상위 전략들도 있었다. 그리고 그 전략 중 꼭대기에 있는 것은 이번에도 '팃포탯'이었다. '팃포탯'은 집단의 분포가 변화하는 세계에서도 그 유효성을 증명했다.

이런 시뮬레이션은 현실적인 요소가 추가될수록 재밌어진다. '오해'가 발생하는 세상이라면 어떨까? 학자들은 프로그램 간의 대결에 '노이즈noise(잡음)'를 추가했다. 일종의 오해와 같은 개념이다. 이런 노이즈는 확률적으로 발생하며 한 프로그램의 선택을 다른 프로그램에 반대로 인지시킨다. '프리드먼'과 '팃포탯'이 이런 노이즈가 발생하는 환경에서 대결하는 경우를 떠올려보자. 노이즈가 발생하지 않은 첫 몇 라운드에서 이 두 선한 프로그램은 완벽한 협력을 해낸다. 하지만 특정 라운드에서 '팃포탯'이 보낸 협력의 신호가 노이즈에 의해 '프리드먼'에게 배신으로 인지되는 순간 파국이 시작된다. '프리드먼'은 한번 발생한 배신을 용서하지 않기에 앞으로 배신만을 선택하게 된다. '팃포탯'은 이를 똑같이 갚아주려고만 하기에 역시 배신만 하게 될 뿐이다. 즉 노이즈가 한번 발생하면 선한 프로그램도 상호 공멸의 늪에 빠질 수 있다.

'팃포탯'과 '팃포탯'이 맞붙는 상황도 유사하다. 첫 몇 라운드에서 상호 협력을 잘 수행하다가도, 한쪽의 신호가 배신으로 오인되는 순간이다. 예를 들어 5라운드에 '팃포탯 A'의 신호가 '팃포탯 B'에게 배신으로 인지되는 '팃포탯 B'는 6라운드에 배신을 고르게 된다. '팃포탯 A'의 경우 5라운드에서 '팃포탯 B'의 협력 신호를 받았으니 6라운드에는 협력을 고른다. 이후 7라운드부터는 서로 배신과 협력을 끊임없이 반복하는 교착상태에 빠지게 된다. 상호 협력을 통해 둘 다 3점을 가져가는 대신 서로 0점/5점만 반복해서 가져가는 상황이다. 평균적으로는 상호 협력보다 손해를 보게 된다.

이런 노이즈가 발생하는 상황에서는 '관대한 팃포탯' 계열의 전략이 득세했다. 한 번 실수가 발생했다고 100퍼센트 확률로 가차 없이 응징하는 것이 아니라, 90퍼센트 정도 확률로만 복수하는 식이다. 이런 오해가 발생하는 세상에서는 약간 관대한 것이 강경한 것보다 우위에 있었다. '관대한 팃포탯'은 혼란스러운 세상에서 1위를 차지했다. 그렇다고 '강경한 팃포탯'이 힘을 전혀 쓰지 못한 것도 아니다. 여전히 '강경한 팃포탯'은 상위 5위 안에 들었다. '눈에는 눈, 이에는 이'는 보편적인 생존 전략으로 보인다.

물론 시뮬레이션의 초기 상태가 멸망해버린 세상처럼 오로지 악당만 존재하고, 단 한 명의 '팃포탯'만 있는 경우라면 상황은 달라질 수 있다. 이런 세상에선 '팃포탯'이 우위를 점할 기회가 적기에 하위 집단에 속해 멸종했을 것이다. 하지만 협력할 줄 아는 또 다른 선한 프로그램이 존재하기만 하면, '팃포탯'은 그들과 완벽한 협력을 구사해 점점 세를 불리고, 이내 집단 내에서 가장 지배적인 프로그램이 될 수 있다.

심지어 '약간 관대한 팃포탯'은 중간에 오해가 발생하더라도 이내 신뢰 관계를 회복하곤 한다. 배신을 통해 상대를 짓밟고 우위를 점할 수 있는 게임에서도, 그것이 반복되면 협력의 가치를 아는 집단이 우세해진다. 게임 대회의 주최자였던 로버트 엑설로드는 이런 내용을 바탕으로《협력의 진화The Evolution of Cooperation》(1984)라는 책까지 출간했다. 학자들 역시 이기적인 세상에서 협력이 존재하는 이유를 이러한 게임 이론을 가지고 설명한다. 다만 나는 협력에만 초점을 맞추면 안 된다고 생각한다. 협력만 할 줄 아는 자는 언젠가 만나게 될 사악한 자들에게 착취당하기만 하고 그들을 득세하기 때문이다.

'관대한 팃포탯'이든, '강경한 팃포탯'이든, 이것이 강력한 이유는 복수와 용서를 시행하기 때문이다. 왼뺨을 맞으면 오른뺨도 내미는 호구들과 달리, '팃포탯'은 똑같이 상대의 뺨을 때린다. 수많은 생물종과 개인이 경쟁하는 세상에서 상대의 부당한 행위를 똑같이 되갚아줄 수 있는 자들은 효과적으로 살아남게 되었다. 이런 효과적인 생존 전략은 우리의 유전자에 각인되어 있을 것이다. 그래서 우리는 뺨을 맞았는데도 상대의 뺨을 때리지 못하는 상황에 분노하게 된다. 철저한 복수를 통해 사악한 자들의 이득을 줄여나가야 본인의 생존 확률이 올라가기 때문이다. 그렇기에 우리는 누군가 악인을 징벌하는 것에 열광하는 것일지도 모른다.

다만 한 가지 사실을 명심해야 한다. 한 번 뺨을 맞았다고 상대를 죽을 때까지 때렸던 '프리드먼'은 본인도 죽고 말았다. 상대가 화해의 악수를 청하면 받아줄 줄도 알아야 하는 법이다. 그것이 속임수였다면 또 때려주면 그만이다.

많은 문화비평가들은 복수물이 유행하는 이유를 혼란스럽고 개인주의적으로 각박해져버린 세상에서 찾곤 한다. 반은 맞고 반은 틀렸다. 복수와 용서는 집단적 협력이 중시되는 이상적인 세상에서 더 효과적이다. 그리고 세상이 혼란스러울수록—오해의 노이즈가 자주 발생할수록—오히려 약간은 관대해지는 편이 유리하다.

8. 눈먼 돈을 버는 방법

김치맛 초콜릿이 알려준 것

기념품 가게 탐방은 긴 여행을 마치는 보편적 방식이다. 관광지에는 이러한 수요를 노린 기획 상품들이 우리를 유혹한다. 그리고 이런 상품들은 점점 진화하는 것 같다. 예전만 하더라도 제주도에 가면 돌하르방 모형과 감귤, 한라봉, 백년초 등을 활용한 식품 정도가 여행 기념품의 전부였다. 지금은 어떠한가. 그 지역에서 언급되는 요소를 가진 물품이라면 절대로 상품화의 굴레에서 벗어나지 못한다. 당 성분이 든 모든 특산물은 결국 초콜릿과 막걸리가 되고 만다. 갈 데까지 간 기념품들이 쏟아져 나온다.

이런 현상이 잘못됐다고 생각하진 않는다. 결국 상품이란 것은 수요에 의해 생산되는 것이며, 그런 기념품을 기꺼이 구매하는 소비자가 있으니 기념품 생태계가 유지되는 것이다. 여기에는 어떠한 불합리한 점도 없다. 그런 기념품이 마음에 들지 않으면 사지 않으면 되는 것이고, 수요가 없어진 상품은 자연스레 시장에서 도태될 것이다. 기념품들의 가격이 바가지라고 생각될 때가 있지만, 결국 수요와 공급 법칙에 의해 결정되는 것이다. 인기가 없는 상품은 '2+1' 등의 판촉 형태를 통해 가격이 내려가고, 구매자는 동일한 상품 가치를 더 매력적인 가격에 소비할 수 있게 된다. 나는 이런 것들을 '정직한' 경제 활동이라고 간주한다. 생산자는 소비자가 원하는 수요를 파악하여 필요한 제품과 서비스를 제공하고 소비자는 재화를 활용해 그 욕구를 충족한다.

그런데 때때로 이런 수요-공급 법칙을 무시하는 것 같은 기이한 제품들을 만날 때가 있다. 내가 볼 때 진작 시장 논리에 따라 도태되어야 했을 것 같은 제품들이 버젓이 가판대 위에 올라가 있는 것이다. 특색있는 시도라기엔 각국의 문화적 유산에 대한 예의를 지키지 않는 '김치초콜릿' 같은 것들이다. 초콜릿의 사전적 정의는 '코코아 열매를 볶아 만든 가루에 우유·설탕·향료 등을 섞어 만든 과자'이다. 여기서 '등'에는 보통 당 성분을 포함한 식품이 들어간다. 김치의 당 함량은 과일 같은 식재료에 비해 거의 없는 수준이며, 다량의 섬유질이 포함된 초콜릿은 그 질감도 괴이하다. 이 외에도 언급하고 싶은 제품들은 수없이 많지만, 나는 상품기획을 전공하지도 않았고, 미식에 대해서도 문외한이기에 그러려니 하고 넘어가는 편이 좋을 것 같다. 하지만 궁금해졌다. 이러한 식품들의 상품 가치가 시장에서는 어떻게 평가받기에 이런 고약한 기념품들이 명맥을 이어올 수 있는 것일까?

대학원생 시절, 1년에 5일밖에 제공되지 않는 여름휴가를 다녀온 후, 나는 여느 때처럼 툴툴대고 있었다. "아니 괴이한 식습관 대회에 나가야 할 것 같은 상품이 지역 특산물로 둔갑해 있다니까요?" 이런 불평을 듣던 연구실 박사가 한 말은 내가 가진 '편협한 경제 활동'에 대한 시야를 넓혀줬다. "그거 정부 보조금 받아서 생산하는 제품이에요." 그렇다. 애초에 어떠한 제품과 서비스들은 시장 논리를 초월하여 존재할 수 있다. 특정 지역의 이름을 알리기 위해, 지역 경제를 부양하기 위해, 또는 사업자와 혈연·지연·학연의 고리를 유지하기 위해 중앙정부와 지자체는 기꺼이 예산을 내줄 의향이 있다. 서비스 공급자들은 이러한 재화를 바탕으로 팔려도 좋고 안 팔려도 그만인 리스크가 낮은 상품을 생산해낼 수 있다. 좋든 싫든 이름을 알리는 데도 성공했고, 지역 시장 역시 약간이라도 활성화되었을 테니 이게 나쁜 것이라고만 할 수는 없다. 내가 지금껏 믿어온 수요-공급의 시장 논리를 따르지 않는 '눈먼 돈'이다. 여기까지 생각이 닿자, 나 역시도 이런 눈먼 돈을 만져보고 싶어졌다. 누구도 생각하지 못한 어떤 기회가 찾아온다면, 나는 그것을 놓치지 않으리라.

눈먼 돈의 속성

대학원을 졸업하고, 나는 미국에서 연구원으로 활동했다. 그곳에서 생활할 때는 먹는 것이 큰 고민이었다. 실리콘밸리 근방의 월세는 살인적이었고, 식당 물가 역시 연구원 월급으로는 버거웠다. 어쩔 수 없이 집에서 음식을 먹고 도시락을 싸는 날이 늘었다. 한인 마트에 갈 때마다 비싼 수입품(새우깡 같은)을 카트에 넣었다 빼는 것을 반복하며 구입할 필요가 있을지를 고민했다.

그렇게 2년여의 외국인 노동자 생활을 마친 후 한국으로 돌아와 한 기업에 취직했다. 그런 나에게 공짜 사내 식당은 신세계였다. 사내 식당에는 끼니마다 바뀌는 다양한 요리들과 포장 음식들이 넘쳐났다. 듣기로는 회사가 식당에 지불하는 식대는 정해져 있고, 그 금액 내에서 구내식당 업체들이 나름 만족스러운 음식들을 공급하는 것 같았다. 내가 직접 요리를 한다면 매끼 1만 원 미만의 식대로 그 정도 음식을 만들어낼 순 없겠지만, 매일 수천, 수만 명이 이용하는 식당에서는 규모의 경제가 작동해 적은 금액으로도 수준급의 식사를 제공할 수 있을 것이다.

매일 즐거운 식사를 즐기던 와중 한 가지 흥미로운 점이 눈에 띄었다. 식당에는 가끔 초록색 식판을 사용하는 메뉴가 나오곤 했다. 해당 메뉴에는 '나눔 메뉴'라는 설명과 함께

"식사마다 일정 금액을 회사에서 복지 단체에 기부한다"는 설명이 있었다. 그걸 먹는다고 내 월급이 줄어드는 것도 아니니, 음식만 마음에 든다면 망설임 없이 해당 메뉴를 고르곤 했다. 그러다 궁금한 점이 생겼다. 틈만 나면 비용 절감을 외치는 회사가 어째서 이러한 선의를 베푸는 것일까? 다시 읽어본 '나눔 메뉴'의 설명에는 "정량보다 적은 양의 반찬을 제공합니다"라고 쓰여 있었다. 개인의 입장에선 개의치 않을 만한 양이다. 돈가스에 단무지가 조금 적든, 샐러드가 나오지 않든, 돈가스의 양에는 변함이 없으니 말이다.

회사는 나눔 메뉴를 통해 아낀 식대를 기부할 수 있다. 개인이 느끼는 영향은 적겠지만, 규모의 경제를 통해 형성된 기부금의 총합은 커질 수 있다. 기부를 통해 회사의 이미지도 개선할 수 있고 법인세 계산 시 공제받을 수 있는 금액도 늘어나니 일석이조다. 아니, 실제로 기부를 통해 혜택을 받는 집단도 있으니 일석삼조다. 모두가 승리하는 것처럼 보이는 똑똑한 전략이다.

그런데 '나눔 메뉴'에서 실제로 비용을 지불한 주체는 어디일까? '정량의 반찬'이 직원들이 원래 받았어야 마땅한 대가라고 생각한다면, 그보다 적은 반찬을 받은 직원들이 해당 기부금의 주체이다. 그럼에도 여기에 큰 불만을 제기하는 사람은 없다. 많은 사람들이 애초에 반찬을 남기기도 할뿐더러, 조금 적게 먹음으로써 아낀 비용이 기부에 쓰인다니 오히려 좋기도 하다. 나는 여기서 잊고 있었던 '눈먼 돈'의 속성을 공고히 할 수 있었다. '여러 사람들이 크게 부담을 느끼지 않거나 아예 신경 쓰지 않는 작은 비용의 집합.'

앞서 언급한 '괴식 기념품' 역시 같은 속성을 가지고 있다. 언뜻 보기에 비용을 제공하는 곳은 해당 제품의 얼마 안 되는 소비자가 아닌 중앙정부나 지자체 같아 보인다. 하지만 그 정부 보조금의 출처는 세금이다. 다만 실제로 개개인이 내는 세금에서 해당 보조금이 차지하는 비중은 미미하기에 그것을 부담이라고 느끼는 사람은 적을 것이다. 게다가 보조금의 본래 목적 역시 '지역 경제 활성화'라는 선한 의도이기에 대의적으로도 별문제가 없어 보인다. 이런 생각을 바탕으로 내가 추구하고자 하는 눈먼 돈의 속성을 다시 구체화했다.

> 사소성: 대중이 신경 쓰지 않는 비용이어야 함.
> 정당성: 비용을 청구하는 목적이 대의에 위배되지 않아야 함.
> 의외성: 비용이 청구되는 방식이 참신해야 함.
> 유효성: 비용의 총합이 유의미한 양이어야 함.

눈먼 돈의 속성을 정의했으니, 이제는 그것을 활용해볼 차례이다. 사람들이 주목하지 않는, 그러면서 대의에 위배되지 않는, 의외의 생각지 못한 비용이 있을까?

취중에 떠오른 대박 아이디어

여느 때와 같은 연말 저녁이었다. 연말이 되면 나는 한 해 동안의 금융 소득을 정리해보는 습관이 있다. 주식 배당은 얼마나 받았는지, 예·적금의 만기는 언제이며 쌓여 있는 이자는 얼마나 될지와 같은 것들이다. 회식을 마치고 돌아온 저녁, 적당히 취기가 오른 채로 계좌들을 살펴보던 중 뜬금없는 의문이 들었다. 자산관리계좌Cash Management Account(CMA)였다. 이것은 금융 회사들이 고객으로부터 예탁금을 받아 안정성이 높은 상품에 투자하고, 그 보수를 이자의 형태로 지급하는 상품이다. 보통 하루만 맡겨도 약정수익률을 제공하는 입출금이 자유로운 통장의 형태로 운영된다.

일반적인 예·적금 통장의 잔고는 내가 저축한 돈만큼 몇만 원에서 몇십, 몇백만 원 단위로 끝자리가 끝난다. 하지만 CMA의 경우 돈이 자주 드나드는 계좌이기에 잔고의 숫자가 지저분해지기 마련이다. 해당 계좌는 일정 기간의 보유액에 따라 단기적으로 이자를 제공해준다. '만약 내가 받아야 할 이자가 원 단위로 소수점 아래까지 있다면 어떻게 되는 거지?', '반올림이라도 해서 지급하려나?'와 같은 의문이 들었다. 이자율에 따라 계산된 이자가 100원이 아닌 121.73원 같은 상황에 대한 의문이다.

의문을 해소하기 위해 내가 이용하는 은행의 약관을 찾

아봤다. 놀랍게도(?) 약관에는 "원 단위 아래 숫자는 절사하여 지급한다"라고 되어 있었다. 내가 이용하는 은행만 그런 걸까 싶어 인터넷을 뒤져보니 대부분의 금융사가 이자를 절사하여 지급하는 것 같았다. 조그마한 양이지만 어디론가 돈이 사라지고 있었다. 물론 이자를 수만 번 받는 것도 아니고 원 단위 아래 숫자이니 별 의미 없는 액수일 것이다. 그때 불현듯 이것이 내가 찾던 '눈먼 돈'이라는 생각이 들었다. 사소하여 아무도 신경 쓰지 않는 돈. 하지만 이것을 불법적이지 않으면서도 참신한 경로를 통해 내 것으로 만들 방법은 쉽사리 떠오르지 않았다. 아마 회식의 여파로 올라온 취기가 최대치에 달했기 때문일 것이다. 조금 더 맨정신에 방법을 구체화할 필요가 있었다. 나는 흥분을 가라앉히고, 이 '놀라운 아이디어'를 스마트폰 메모장에 대충 적어놓은 후 잠에 들었다.

은행만 하나 세우면 되겠네

이튿날, 전날 내가 취중에 미래를 바꿀 만한 생각을 떠올렸다는 사실을 망각한 채로 하루를 보냈다. 그렇게 며칠이 지나고 우연히 메모장을 열어보았다. 가장 최근 메모에는 이렇게 적혀 있었다. '눈먼 돈을 버는 방법: 절사되는 이자 수집.' 흥미가 생긴 나는 마치 모두가 까먹어버린 고대의 기술을 발견한 고고학자의 심정으로 메모를 읽어나갔다. 분명 취한 생각이었지만, 콘셉트는 괜찮아 보였다. 이제 그것을 실현할 구체적인 방법만 찾아내면 된다.

나는 우선 가상의 사고실험을 진행해보았다. 1000명의 사람이 가입한 A은행의 CMA 상품이 있다. 해당 계좌의 연이자 지급률은 3퍼센트이고 이것을 365로 나눈 일별 이자율은 약 0.0082퍼센트이다. 매우 작은 숫자이지만 우리에겐 아무런 상관이 없다. 우리가 가지게 될 눈먼 돈은 이자가 아니라 원 단위 아래의 숫자이다. 사고실험의 편의성을 위해 1000명의 계좌 잔고의 총합은 10억 원이고(개인당 평균 100만 원씩 예금해둔 셈이다), 각각의 계좌 잔고는 총합을 만족시키는 선에서 임의의 값을 가진다고 가정하자. 은행의 수입/지출 관리원이 윗선에 보고해야 하는 하루 이자 지급액은 10억 원의 0.0082퍼센트인 8만 2000원이다. 그럼 실제로 1000명의 고객에게 이자로 지급한 후 남는 돈은 얼마일까? 각 계좌 잔고에 0.000082를 곱한 숫자에서 소수점 아래 숫자를 제외하고 이자를 지급하면 된다.

앞서 우리는 각각의 계좌 잔고가 임의의 숫자라 가정하였다. 여기에 0.000082를 곱한 수의 원 단위 아래 숫자는 항상 0 이상 1 미만의 값을 가질 것이다. 이 값이 0과 1 사이에 임의로 고르게 분포한다면 그 기댓값은 0.5이다. 범위의 평균이라 생각해도 무방하다. 사실 조금만 생각해보면 이자율이 얼마든 원 단위 아래 숫자의 평균은 0.5이다. 가입자는 1000명이니 절사할 돈은 500원이다. 원 단위 아래 금액을 절사하여 8만 1500원을 각 고객에게 나누어 지급한 뒤 500원을 가지면 된다.

해당 방식을 통해 우리가 취할 수 있는 눈먼 돈의 총액은 가입된 계좌 수의 절반 정도다. 매일 가입자 수의 절반만큼의 돈을 벌 수 있는 방법을 발견했다. 다만 진지하게 생각해보면 이 방법은 두 가지 문제점이 있다. 첫째는 내가 관리자로서 실제로 지급한 금액과 윗선에 청구한 금액 간의 차이에서 법적 문제가 발생할 가능성이다. 관련법에 대해 찾아보진 않았지만, 문제가 될 소지는 있어 보인다. 둘째는 안타깝게도 내 실제 직업이 은행 관리자가 아니란 점이다. 그렇다면 사업 모델을 만들어보는 것은 어떨까?

> 우리나라 국민들의 CMA 계좌를 종합하여 하루 동안 총액을 보관하고, 그 금액을 실제 금융사들이 운용하게 빌려준다.
> CMA의 하루 평균 이자율만큼을 운용 보수로 설정하여 금융사에 청구한다.
> 받은 운용 보수를 쪼개어 원본 CMA 계좌에 원금과 함께 고객에게 지급한 후, 원 단위 절사를 통해 발생한 이득은 내가 취한다.

여기까지 생각하다 보니 은행을 하나 더 설립하는 것과

다를 바 없다는 점을 깨달았다. 게다가 이미 존재하는 CMA 상품의 운용 주체는 기존의 금융 기관일 것인데, 여기에 굳이 중간 단계를 하나 더 만들어 마진을 취하겠다는 사업자를 기존의 기관이 가만둘 리가 없다. 2024년 통계에 따르면 대한민국 CMA 통장의 수는 약 3960만 개이다. 내 논리에 따르면 하루에 절사되는 돈의 총합은 이 수치의 절반 정도일 것이다. 하루에 약 2000만 원이 마땅히 지급돼야 했을 이자에서 사라지고 있는데, 이것을 남들에게 알리지 않고 홀로 해먹을 방법은 아직 요원하다. 사실 이 정도 금액이면 금융 기관에서 내가 모르는 방법을 통해 이미 치리하고 있을 수도 있다.

술에 취했을 때 떠올린 놀라운 아이디어는 맨정신에 생각해보면 슬퍼지기 마련이다. 다시 잠에 들어야겠다. 내일도 나는 정직한 노동을 통한 보수를 지급받기 위해 출근해야 한다.

9. 물리학자가 지옥에 갈 확률

신을 믿을 것인가, 말 것인가!

프랑스의 수학자이자 철학자 블레즈 파스칼Blaise Pascal은 아무리 봐도 도박 중독자 같다. "인간은 생각하는 갈대"라는 명언을 남긴 바로 그 파스칼 말이다. 그는 '신을 믿어야 하는 이유'를 도박적 확률로 설명하려 들었다. 이는 '파스칼의 내기Pascal's wager'라는 이름으로 전해진다. 논증은 다음과 같다.

	선택	결과
1	신이 존재하고 신을 믿지 않음	사후 영원한 고통(지옥, -∞)
2	신이 존재하고 신을 믿음	사후 영원한 행복(천국, +∞)
3	신이 존재하지 않고 신을 믿지 않음	잃을 것 없음(거의 0)
4	신이 존재하지 않고 신을 믿음	얻을 것 없음(거의 0)

우리가 신을 믿거나 믿지 않았을 때의 손익은 기댓값을 가지고 따져볼 수 있다. 수학적 기댓값은 여러 사건에 대해 각 사건이 벌어졌을 때의 이득과 그 사건이 벌어질 확률을 곱한 것을 합한 값이다. 말은 복잡해 보이지만, 간단히 표현하면 '확률적으로 얻어지는 평균'이라 생각해도 무방하다. 동전을 던져 앞면이 나오면 100원을 얻고, 뒷면이 나오면 꽝이라고 하자. 이때 동전의 앞뒷면이 나올 확률이 반반(2분의 1)으로 같다면, 기댓값은 다음과 같이 계산한다.

(앞면이 나올 확률 × 100원) + (뒷면이 나올 확률 × 0원)
= (1/2 × 100원) + (1/2 × 0원) = 50원

이는 동전을 한 번 던지는 행위에서 기대되는 결과가 평균적으로 50원임을 의미한다. 같은 내기를 100번 반복하면 평균적으로 50원×100번인 5000원을 기대할 수 있다. 파스칼의 내기에서는 기댓값이 어떻게 될까? 이 내기에는 우리의 선택이 개입한다. 신을 믿거나 믿지 않는 선택이다. 각 선택에 따라 경우를 나누어 기댓값을 계산할 수 있다. 만약 신을 믿는다면 우리의 기댓값은 표의 2번, 4번의 경우에서 얻어진다.

(신이 존재할 확률 × ∞) + (신이 존재하지 않을 확률 × 0) = ∞

무한에는 어떤 수를 곱해도 무한이며, 0에는 어떤 수를 곱해도 0이다. 즉 신이 존재할 확률이 아무리 낮고, 신이 존재하지 않을 확률이 아무리 높더라도 우리는 무한한 이득을 볼 수 있다. 반면 신을 믿지 않는다면 기댓값은 1번, 3번의 경우에 의해 음의 무한대(영원한 고통)이다. 기댓값의 관점에서 파스칼은 신을 믿는 것이 무조건 유리한 베팅이라고 생각했다. 일요일 아침마다 교회에 가는 것은 살아생전 약간의 불편함을 유발할 수 있지만, 천국이 있다면 무한한 행복을 가져다줄 것이다. 사후세계가 없다 해도 잃을 것은 사소한 불편함 정도이다.

물론 이 논증은 역사적으로 수많은 반론을 낳았다(반론이 궁금하면 아는 목사님께 이런 이유로 신을 믿냐고 물어보자). 우선 전제 자체가 기독교적 세계관—믿음의 여부에 따라 보상과 징벌이 가해지는—을 필수로 가정한다. 기독교적 유일신이 아니라 다른 보상/징벌 체계를 가진 신이라면 이 논리는 작동하지 않는다. 또한 단순히 보상을 얻기 위해 도구적 목적으로 신을 믿는 것이 종교적 관점에서는 불경하게 보일 수 있다.

천국과 지옥의 통계역학

그럼에도 나에게 이 내기는 흥미롭다. 물리학자들은 수

학적 모형을 만들어 뭔가를 계산하는 것을 본능적으로 재밌어하기 때문이다. 그리고 나는 종교철학적 논의와는 상관없이, 그저 파스칼이 제대로 계산을 한 것이 맞는지 따져보고 싶었을 뿐이다.

어떤 현상을 수학적 모형으로 재구성할 때는(그것이 천국과 지옥 같은 가상 개념일지라도) 해당 모형의 정밀도를 잘 설정하는 것이 중요하다. 너무 단순한 모형은 현상을 왜곡하기 마련이고, 너무 정교한 모형은 정밀도에만 집착한 나머지 본질을 놓치거나 계산이 불가능해질 때가 있다. 나의 관점에서 파스칼의 천국-지옥 모형은 너무 단순화되어 있다. 일단 경우의 수가 과도하게 적다. 신을 믿기만 하면 천국에 가는가? 안 믿으면 무조건 지옥에 떨어지는 것이 확정인가? 그 사람이 생전에 행한 선행과 악행들은? 종교적 의미의 질문은 아니다. 다만 내가 만약 합리적 신이라면 이런 것들도 점수화하여 적당히 정교하면서도 많은 이들이 납득할 만한 수학적 모형을 제시했을 것 같다. 그렇다고 너무 세분하는 것도 무리이다. 인간의 수많은 행동과 그것이 미치는 영향에 하나하나 정확한 숫자를 부여해야 하기 때문이다.

게다가 선행과 악행은 어떻게 구분할 것인가? 수학적 모형에 대충 욱여넣기에는, 도덕적 가치판단은 논란의 여지가 너무 많다. 무엇이 도덕적으로 선한 행동인지는 관점에 따라 천차만별이다. 공리주의자들처럼 '최대 다수의 최대 행복'이 기준일 수도 있고, 칸트주의자들처럼 인류가 본능적·보편적으로 옳다고 여기는 가치를 행하는 것일 수도 있다. 그리고 이런 다양한 관점 중 무엇이 신의 마음에 쏙 들지 도무지 알 수가 없다.

하지만 자칭 물리학자에게 이 정도 문제는 덤벼볼 만하다. 통계역학을 활용해보는 것은 어떨까? 통계역학은 시스템에서 다뤄야 할 개체가 너무 많은 경우, 이를 통계적으로 다루는 물리학의 한 분야이다. 휴대용 배터리에 들어가는 금속인 리튬 덩어리 1그램에는 약 10^{23}개의 리튬 원자가 들어 있다. 1뒤에 0이 23개가 붙는 매우 큰 수이다. 배터리 속 리튬 원자 1개의 움직임은 기본적인 물리법칙을 따르기에 '이론적'으로는 계산할 수 있다. 하지만 10^{23}개 원자의 움직임을 하나하나 전부 계산하는 것은 불가능에 가깝다.

물리학자들은 이런 상황에서 통계역학을 활용한다. 각 입자를 개별적으로 기술하는 것이 아니라 전체 집단의 평균적인 움직임, 그리고 평균을 벗어나는 입자가 어느 정도의 확률을 가지고 분포할지를 계산한다. 이런 방식을 통해 우리는 전체 시스템의 움직임을 설명할 수 있다. 더 나아가 개별 입자의 경우에도 '확률적'으로 어떤 값을 가질지 예측할 수 있다. 천국-지옥 모형의 경우도 마찬가지이다. 수십억 명 인간의 오만가지 행동 하나하나를 분석하는 것은 불가능에 가깝다. 하지만 통계적으로 특정 개인이 지옥에 갈 확률을 계

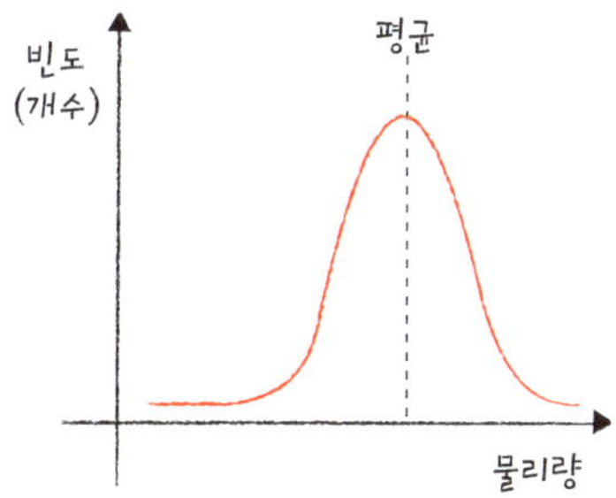

산하는 것은 가능할지도 모른다.

보통 통계역학에서 자주 보게 되는 그림은 '정규분포'라 불리는 종 모양의 곡선이다. 이는 속도 같은 어떤 물리량에 대해 각 입자가 가질 수 있는 평균값, 평균에서 벗어나 있는 정도(분산과 표준편차), 그리고 특정 범위에 있을 확률(기댓값)을 명료하게 보여준다. 사실 많은 자연현상이 이런 분포를 따른다. 사람의 키, 몸무게, 지능지수 등의 분포를 그려보면 이와 유사한 형태의 곡선을 그린다. 다시 앞의 동전 던지기 문제로 돌아가보자. 동전을 100회 던졌을 때 앞면이 나오는 횟수는, 동전이 조작되지 않았다면 평균적으로 50회일 것이다. 하지만 운에 따라 49회가 나올 수도, 51회가 나올 수도 있다.

운이 엄청나게 없다면 앞면이 0회 혹은 1회 나오는 경우도 있겠지만 그럴 확률은 매우 낮다. 평균에서 벗어날수록 그런 일이 발생할 확률은 줄어든다. 동전을 100회 던졌을 때 앞면이 나오는 횟수에 대해 확률 분포를 그려보면 이는 앞서

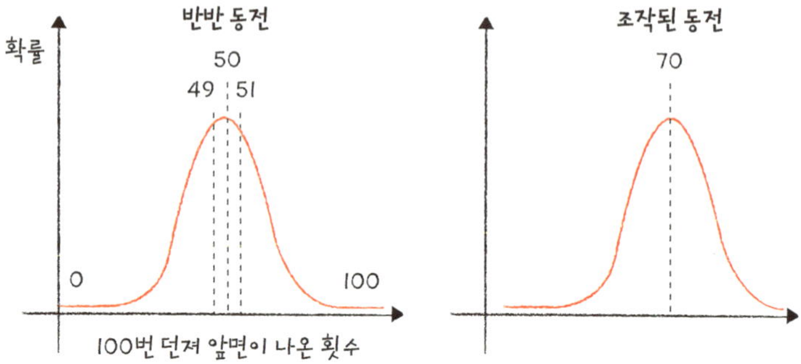

본 종 모양의 정규분포를 그리게 된다. 동전이 조작되어 있어 앞면이 나올 확률이 70퍼센트라면 어떨까? 그렇다면 확률 분포는 앞면이 나올 횟수가 100회 던졌을 때 70회인 경우를 평균으로 갖는 곡선을 그리게 된다.

사실 이런 동전 던지기와 같은 상황에서, 그것이 수학적으로 어떤 확률의 분포를 가질지 진지하게 탐구한 수학자 중 대표적 인물이 파스칼이다. 다시 말하지만, 그는 도박 중독자였음이 분명하다. 그러니 동전을 던져가며 자신이 천국에 갈지, 지옥에 갈지 베팅했을 것이다. 그렇다면 지옥에 갈 확률의 분포는 어떻게 될까? 우리가 알고 싶은 것은 이 분포가 어떤 형태를 가지고 있는가다. 키나 몸무게 같은 다른 자연현상처럼 종 모양의 정규분포를 따를까? 만약 다른 모양이라면 어떤 형태일까?

복잡한 우리네 삶

넷플릭스 드라마 〈굿 플레이스Good Place〉를 보다 한 가지 아이디어를 얻었다. 이 드라마는 사후 '배드 플레이스(지옥)'에 가야 했을 주인공이 우연히 '굿 플레이스(천국)'에 가게 되면서 벌어지는 이야기를 다루고 있다. 드라마의 말미에서 주인공 일행은 현재의 천국-지옥 시스템의 오류를 지적하며, 사후세계의 판사를 설득하기 위해 고군분투한다. 지옥에 배정받은 사람 중에는 살아생전 분명 선한 행동만 했던 사람이 있었다. 도대체 이런 선한 인물이 왜 지옥에 온 것이냐 따지는 주인공의 질문에, 판사는 그 사람의 살아생전 행동들이 실제로 불러온 결과들을 보여준다. 선한 동기와는 상관없이 너무나도 복잡하게 얽힌 현대 사회에서 선한 행동을 하기란 실로 불가능했다. 예를 들면 마트에서 토마토를 고르는 것만으로도 자신도 모르는 사이에 유해 살충제 사용, 노동 착취, 지구온난화에 기여한 꼴이 되어 악행으로 평가받는 것이다. 주인공 일행은 판사에게 다음과 같이 따진다.

"요즘의 삶은 너무 복잡해서, 천국에 갈 만큼 착하게 산다는 것은 불가능해졌습니다."

이는 나에게 번뜩이는 통찰로 다가왔다. 현대 사회의 개인은 수백 년 전의 개인과 차원이 다른 관계의 복잡도를 가지고 있다. 동네 커피숍의 원두는 지구 반대편에서 그것을 수확한 농부와 유통업자, 가공 업체 및 그것을 판매하는 도매상과 소매상을 거쳐 소비자에게 도달한다. 아침에 커피를 한 잔 마시며 출근하는 동안 우리는 의도치 않게 수많은 타인과 관계를 맺게 된다. 내가 마신 커피가 공정무역을 지키지 않는 악덕 유통 기업의 원두로 만들어진 것일 수 있다. 혹은 제3세계의 물 부족 현상을 심화시키는 행위일 수도 있다. 관계가 복잡해질수록 악행을 저지를 확률이 올라간다.

그렇다면 '개인이 사회와 맺고 있는 복잡도'를 수치화하면 된다. 이는 살면서 나쁜 짓을 저질렀을 '확률'을 의미하고, 더 나아가 지옥에 갈 확률 분포를 그려보는 데 활용할 수 있다. 다만 이 경우, 앞서 본 종 모양의 정규분포를 활용하는 것은 부적절하다. 사실 종 모양이 나오는 이유는 수학적으로 각 사건이 '독립적'이기 때문이다. 동전 던지기 사례에서, 첫 번째로 던진 동전이 앞면이 나올 확률과 마지막으로 던진 동전이 앞면이 나올 확률에는 전혀 상관관계가 없다. 두 사건은 독립적이다. 키나 몸무게, 지능도 마찬가지다.

지하철 옆자리에 앉은 사람이 멍청이라고 해서 그 사실이 내 총명함에 영향을 미치지는 않는다. 이렇게 개별 사건들이 독립적일 경우, 그 분포는 종 모양의 정규분포를 보이곤 한다. 하지만 서로 관계를 주고받는, 복잡하게 얽혀 있는 시스템(복잡계)도 있다. 어떤 사건의 발생이 다른 사건의 발생에도 영향을 주는 것이다. 이런 상호작용이 발생하는 경우

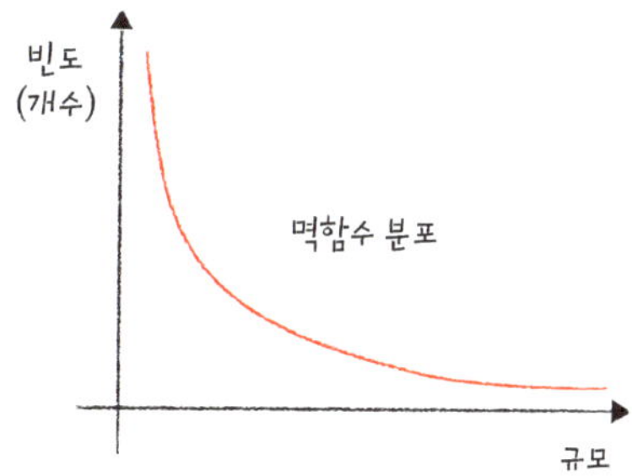

정규분포가 아닌 다른 수학적 모형이 필요하다. 그리고 이런 시스템을 연구하는 물리학의 분야가 '복잡계 물리학'이다.

복잡계 물리학의 대표적인 확률 분포는 '멱함수 분포'다. 이는 위와 같은 모양을 보인다. 복잡계에서 왜 이런 모양이 나오는지 설명하는 것은 복잡하기에 이번에는 넘어가겠다(사실 나는 대학원 복잡계 물리 수업 시간에 매번 졸기만 하다가 결국 수강을 취소했다). 중요한 건 이 그림을 해석하는 방법이다. 도식의 가로 방향은 '관계의 규모'를 뜻한다. 전 세계의 공항을 규모에 따라 분류한다고 가정해보자. 각 공항의 규모는 그 공항이 가진 노선의 숫자로 정의한다. 핵심은 이 노선을 통해 각 공항이 연결되어 있다는 점이다. 노선이 많은 공항은 다른 공항과 많은 관계를 맺고 있는 공항이다. 이런 공항은 각 지역의 '허브'가 되어 거대한 네트워크를 형성한다. 한번 허브가 된 운 좋은 공항은 계속해서 더 많은 노선을 취항하게 된다. 그리고 이런 과정은 노선 수의 불균형을 심화한다. 결국 아주 거대한 규모를 가진 소수 허브 공항과 수많은

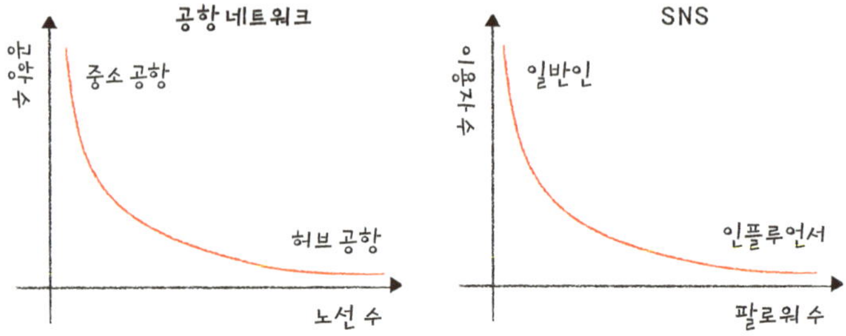

중소 공항의 분포가 형성된다. 그리고 이 분포는 멱함수 모양을 보인다.

또 다른 사례는 SNS다. 애초에 이름부터 '네트워크'인 이 가상 공간은 수많은 팔로워를 보유한 인플루언서를 중심으로 다수의 이용자가 연결된 구조를 형성한다. 팔로워 수에 따라 이용자의 분포를 그려보면 극소수의 인플루언서들이 수많은 팔로워를 독점하는 멱함수 분포를 따른다. 팔로워 수가 평범하게 적은 일반인의 수는 전체 이용자의 대다수를 차지한다. 그리고 팔로워 수가 일반인보다 압도적으로 많은 인플루언서는 전체 이용자의 극소수다.

얼마나 돈이 많아야 지옥에 갈까?

앞서 우리는 지옥에 갈 확률이 개인이 사회와 맺고 있는 복잡도에 비례할 것이라 가정했다. 남은 일은 이런 복잡도를 대표할 만한 지표를 선정하는 것이다. 앞서 본 SNS 팔로워 수도 꽤 괜찮은 지표가 될 수 있다. 팔로워 수는 그 사람이 가상공간에서 맺고 있는 관계의 수를 직접적으로 보여주기 때문이다. 다만 인간관계가 복잡한 유명인 중에도 SNS를 하지 않는 사람이 많기에, 우리에겐 좀 더 보편적인 지표가 필요하다. 자산을 관계의 지표로 삼는 것은 어떨까? 자본주의가 등장한 이래, 부의 불평등은 계속해서 심화해왔다. 극소수의 '슈퍼 리치'가 전 세계 대부분의 부를 독점한다. 2022년 〈세계불평등보고서World Inequality Report〉에 따르면 부유한 상위 10퍼센트가 세계 자본의 76퍼센트를 소유한 반면, 하위 50퍼센트는 부의 2퍼센트만을 소유한다. 보유한 자산의 개인별 분포는 실제로 멱함수 분포를 따른다.

어떤 것이 멱함수 분포를 따른다는 것은 그것이 '관계'와 관련 있는 복잡계적 속성임을 드러낸다. 자산과 인구 분포의 멱함수적 관계는 부자들이 가난한 사람보다 더 많은 관계를 맺고 있음을 뜻한다. 이는 직접적으로 접하는 인간관계일 수도 있지만, 얼굴도 모르는 불특정 다수와 의도치 않게 관련되는 경우가 더 많을 것이다. 불공정 무역을 하는 악덕 커피 유통 기업의 '재벌집 막내아들'을 상상해보자. 그는 가까운 인간관계가 전무한 은둔형 외톨이일 수도 있다. 혹은 선한 본성을 가지고 있을 수 있다. 하지만 복잡한 현대 사회에서 그는 알게 모르게 수많은 타인과 상호작용하고 있다.

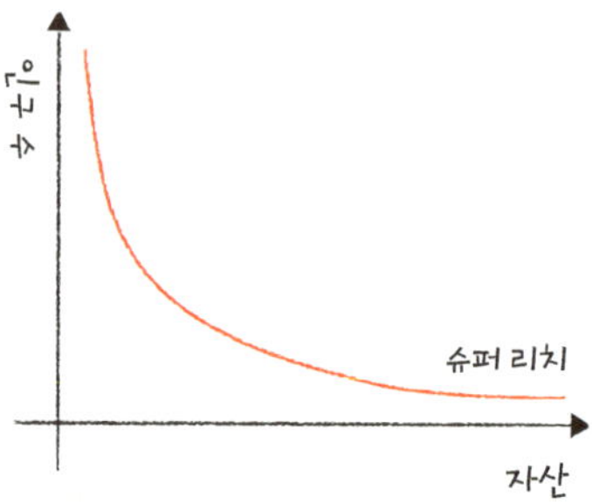

그리고 이 과정에서 본인도 모르는 악행이 발생했을 확률이 높아진다. 즉 지옥에 갈 확률이 높아진다. 부자라고 전부 악하다는 말은 아니다. 그저 그의 삶이 의도치 않은 악행을 내포하고 있을 '확률'이 높다는 뜻이다. 흥미롭게도 성경에는 다음과 같은 구절이 두 번이나 등장한다.

> 부자가 천국에 가는 것은 낙타가 바늘귀를 통과하는 것보다 어렵다.

그렇다면 얼마나 돈이 많아야 지옥에 갈 확률을 걱정하게 될까? 이를 따져보기 위해 복잡계의 특성을 좀 더 살펴보자. 복잡계에서는 그것을 구성하는 각 부분의 속성만으로는 설명할 수 없는 현상이 발생한다. 이것을 '창발emergence'이라 한다. 꿀벌 무리의 규모가 커지면 개별 꿀벌의 행동만으로는 설명할 수 없는 집단적 현상이 나타난다. 흰개미 한 마리는 건물을 설계할 지능이 없지만 그 집단은 서로 간의 상호작용을 통해 거대한 탑을 세운다. 즉 복잡계에서 부분의 합은 전체가 아니다. 그 합은 새로운 창발 현상이다. 그렇다면 자산 규모의 분포와 사회적 관계의 규모가 복잡계적 특성을 가진다면, 어떠한 창발이 생길 것이라 유추할 수 있다. 그리고 이런 창발이 발생하는 임계점이 지옥에 갈 확률을 급격히 높이는 지점이 될 수도 있을 것이다.

우리는 흔히 '돈이 돈을 번다'는 표현을 쓴다. 많은 재테크 서적에서도 어느 정도 수준의 자산이 형성되면, 그 시점부터 자산의 규모가 급격히 불어난다고 가르치곤 한다. '일단 몇 억을 모아라!' 같은 말들이다. 일을 해서 받는 보수(근로소득)만으로 엄청난 부자가 되기는 어렵다. 그런데 꿀벌집단의 규모가 커지면 새로운 집단의 속성이 생겨나듯, 자산의 규모가 커지면 돈이 돈을 벌어오는 새로운 소득의 세계(자본소득)가 열릴 수 있다. 나는 그 기준으로 '금리'를 떠올렸다. 보유한 자산이 금리를 통해 벌어다 주는 돈이 근로소득을 능가하는 시점을 상상해보자. 이는 개인의 삶의 양태가 뒤바뀌는 시점이다. 이 임계 지점부터는 관계의 복잡도도 크게 변화한다. 그리고 개인이 끌어모은 자본이 다른 사람의 삶에 의도치 않게 미치는 영향도 급격히 증가할 것이다.

이 글을 쓰고 있는 2025년 한국의 기준 금리는 연 2.75퍼센트다. 보통 투자를 하면 이보다는 높은 수익률을 기대하기 마련이다. 그러니 연 3퍼센트의 금리 속에 살고 있다고 가정해보자. 2024년 한국의 중위소득은 일인가구 기준 연 2700만 원 정도다. 3퍼센트 금리로 1년에 이 돈을 벌려면, 순자산이 9억 원이면 된다. 즉 이 시점부터 자본적 삶의 양태가 변화하고, 지옥에 갈 걱정을 시작하면 된다. 자산이 이보다 많은가? 그렇다면 신이 복잡계 물리학에 능하지 않기를 기도해야 한다.

그나저나 나는 지옥에 갈 걱정을 해야 할까? 내 팔로워 수와 통장 잔고를 보면 아직은 더 내키는 대로 살아도 될 것 같다.

10. 돈을 건 내기에서 늘 이기는 방법

세상에는 돈을 걸고 하는 가양가색의 내기가 존재한다. 복권과 주식 투자 같은 합법적인 것부터, 친구들과 하는 화투놀이나 포커 게임처럼 합법과 불법의 미묘한 경계(사실 법은 잘 모른다)에 있는 것도 있고, 사회적 문제로 대두되는 불법 인터넷 도박도 있다. 앞에서 '물리학자가 지옥에 갈 확률'이나 '힙스터에 관한 수학적 고찰'을 읽어봤다면, 내가 통계적 확률에 관심이 많다는 것을 알아차렸을 것이다. 이 책의 '눈먼 돈을 버는 방법'이나 '인류 멸망에 대비한 부동산 투기법'에서는 돈에 대한 관심도 드러냈다. 당연히 나는 돈내기에도 관심이 많다. 확률과 돈이라니, 이건 못 참는다. 다만 이번 이야기는 꽤 복잡한 수학적 개념과 도식이 등장하는 긴 여정이 될 것이다. 그러니 정신 똑바로 차리자. 잘못하면 이 글을 잘못 이해하고 패가망신할지도 모른다.

이게 진짜 되는 걸까?

우선 불법적인 돈내기부터 살펴보자. 원래 하지 말라는 것이 가장 재밌는 법이다. 그런데 이것은 진짜로 하면 안 된다. 첫째 이유는 당연히 불법이기 때문이고, 둘째 이유는 여기에 교묘한 함정이 숨어 있기 때문이다. 나는 대학생 시절 친구로부터 어떤 게임에 대한 얘기를 들은 적 있다. '홀짝 사다리 타기'라는 불법 인터넷 도박이다. 게임에 참여하기 위해 일정 금액을 베팅한 뒤 홀짝 중 하나를 고르면 게임이 시작된다. 모든 참가자가 금액을 베팅하면 홀짝 중 하나의 결과가 임의로 나오게 된다. 결과를 맞힐 확률은 반반, 50퍼센트이다. 맞히면 베팅한 금액의 두 배를 가지게 된다. 틀리면 베팅한 돈을 그대로 날린다. 매 판 1만 원을 걸고 참가한다면 한 판당 기댓값은 얼마일까? 이기면 2만 원, 지면 0원이고 각각이 나올 확률은 50퍼센트이므로 다음과 같다.

(2만 원 × 1/2) + (0만 원 × 1/2) = 1만 원

베팅한 금액과 정확히 동일한 기댓값을 가지고 있는 게임이다. 계속해서 게임을 반복해도 돈을 벌기는 힘들어 보인다. 게다가 판마다 수수료가 있다면, 손실만 불어날 것이다. 그런데 내 친구는 이 게임에서 돈을 따는 확정적인 방법이

있다고 주장했다. '더블 베팅'이라는 기법이다. 방법은 다음과 같다. (수학적으로는 '마틴게일 베팅'으로 알려져 있다.)

① 1만 원을 베팅한다.
② 이기면 게임을 멈춘다. (혹은 다시 1번으로 돌아간다.)
③ 지면 다음 판에는 베팅 금액을 두 배로 올려 참가한다.

이 방식의 작동 원리를 살펴보자. 첫판을 이겼다면 수중에는 2만 원이 생긴다. 참가비 1만 원을 빼면 1만 원의 순이익이 발생했다. 첫판을 졌다면 1만 원을 잃는다. 그다음 판에는 2만 원을 베팅한다. 이기면 4만 원을 받으니, 첫판에서 잃은 1만 원과 두 번째 판의 참가비 2만 원을 빼면 1만 원의 순이익이 생겼다. 두 번째 판도 졌다면 4만 원을 베팅한다. 사용한 금액은 첫판과 둘째 판에 각각 1만 원, 2만 원이고 세 번째 판 참가비 4만 원까지 총 7만 원이다. 하지만 세 번째 판을 이기면 8만 원을 받게 되니 순이익 1만 원을 벌 수 있다. 즉 운이 없어 계속 지더라도 계속 금액을 두 배로 늘려 베팅하면, 이기는 순간 잃은 돈을 다 메꾸고도 1만 원이 생기게 된다. 아무리 운이 없더라도 이기고 질 확률이 반반인 이상 게임을 반복하면 언젠가는 이기게 될 것이고, 그때 게임을 멈추면 최소 1만 원은 벌게 된다는 주장이다. 다음 표를 보면 이해가 쉬울 것이다.

게임	1판	2판	3판	4판	5판
해당 회차에 건 돈	1	2	4	8	16
지금까지 쓴 돈	1	1+2=3	3+4=7	7+8=15	15+16=31
이기면 받는 돈	2	4	8	16	32
순이익	1	1	1	1	1

물론 운이 없어 연속으로 계속 홀짝을 맞히지 못하면, 베팅 금액이 기하급수적으로 늘어나기는 한다. 다섯 판을 연속으로 지고 여섯 번째 판에 참가하면, 그때까지 쓴 돈은 다음과 같다

1+2+4+8+16+32=63만 원

6번째 판까지 졌다면 64만 원을 추가로 베팅해야 하니 총 127만 원이 된다. 눈치 빠른 독자라면 더하기를 하지 않고 필요한 금액을 계산하는 방법이 보일 것이다. 1만 원으로 첫 게임을 시작한다면, n번째 판까지의 총참가비는 2^n-1 만 원이 필요하다. 운이 너무 없어 9판 연속으로 지고 10번째 판까지 베팅했다면 총참가비는 $2^{10}-1=1023$ 만 원이다. 어차피 512만 원을 베팅한 10번째 판을 이기면 1024만 원을 받게 되니 이기는 순간 1만 원이 생기는 것은 맞다. 수학적으로 계산해보면 더블 베팅 기법에는 오류가 없다. 분명 뭔가

꺼림직하긴 한데, 친구의 주장에 반박할 논리를 바로 떠올릴 수 없었다. 그나마 당시의 내가 할 수 있는 반박이라곤 대학생의 빈곤한 통장 잔고를 공략하는 것이었다.

"그럼 열 번째 판도 지면? 그다음 판까지 하려면 총 2047만 원이 필요한데?"

친구는 곧장 다시 반박했다.

"열 판 연속으로 질 확률은 1024분의 1이야. 0.1퍼센트도 안 된다고. 그전에 한 번은 이기겠지. 그럼 1만 원은 버는 거고."

수학적 직관과 계산 결과의 갈등 속에 머리가 복잡해졌다. 심란해진 나는 집에 돌아와 계속해서 '이게 진짜 되는 걸까'를 고민해봤다. 만약 모든 참가자가 위의 방법을 쓴다면, 불법 도박 운영자는 파산하고 말 것이다. 분명 이런 상황을 막기 위한 어떤 장치가 있을 것 같았다. 그리고 고민을 거듭한 나는 불법 도박 운영자가 승리할 수 있는 장치를 몇 가지 찾아냈다.

불법 도박 운영자가 승리하는 방법

하나는 더블 베팅 전략의 맹점이다. 판수가 늘어나 베팅액이 얼마나 커졌든, 수익은 1만 원으로 고정이라는 점이다. 그리고 현실의 게임에는 참가자가 별 불만을 가지지 않을 만큼이나마 작은 수수료가 있기 마련이다. 수수료가 배당금의 1퍼센트라고 가정해보자. 1만 원을 걸고 이겼을 때 받아야 할 2만 원 중 200원을 운영자가 가져가는 셈이다. 별것 아닌 금액으로 보일 수 있지만, 이 작은 비율이 불러오는 나비효과는 무시할 수 없다.

수수료가 1퍼센트일 때, 더블 베팅 전략을 적용해보자. 게임을 다섯 번 연속으로 지고 여섯 번째에 이긴다면, 받아야 할 64만 원 중 6400원을 수수료로 내야 한다. 원래대로라면 사용한 돈 63만 원을 빼고 1만 원을 벌어야 하지만 이 경우는 3600원밖에 벌지 못한다. 만약 여섯 번째 게임에서 진다면 상황은 더 심각해진다. 일곱 번째 게임에서 이겼을 때 내는 수수료는 받아야 할 돈 128만 원의 1퍼센트인 1만 2800원이니 기존의 이득 1만 원을 넘어선 손실이 발생하게 된다. 즉 판수가 늘어날수록 순이익이 조금씩 줄다가 결국 손실이 되는 구간이 생겨난다.

만약 수수료가 0.1퍼센트라면 어떨까? 1만 원을 걸고 이겼을 때 받아야 할 2만 원 중 20원만 운영자가 가져가는 셈이니, 이 정도면 괜찮을까? 전혀 그렇지 않다. 이는 손실이 시작되는 판수를 약간 뒤로 미루는 정도밖에 되지 못한다. 아홉 번 연속으로 지고 열 번째 판을 이겼을 때 내야 하는 수수료는 받아야 할 돈 1024만 원의 0.1퍼센트인 1만 240원이다. 0.1퍼센트의 작은 수수료라도 열 번째 판부터는 1만 원이 넘어가 결국 손실이 발생한다. 더블 베팅 금액과 수수료는 매 판 기하급수적으로 증가하는데 수익은 1만 원으로 고정이기 때문에 생기는 현상이다.

게다가 더블 베팅 전략의 베팅액은 생각보다 더 빠른 속도로 불어난다. 첫판에는 1만 원만 베팅했지만, 어쩌다 운이 없어 열다섯 번째 판만 가도 한 판에 약 1억 6500만 원을 걸어야 한다. 이전 열네 판을 진행하는 동안 잃은 참가비까지 더하면 고작 1만 원을 벌기 위해 총 3억 3000만 원이 필요한 셈이다. 내 친구라면, 열네 번 연속으로 질 확률은 1만 6000분의 1밖에 안 되는데 그게 대수냐고 할 것이다. 하지만 이것은 로또 1등 확률인 800만 분의 1보다 무려 500배 높은 확률이다. 운이 없다면 통장 잔고가 바닥나 지금까지 털어넣은 돈을 회수하지 못할 가능성이 존재한다.

그럼 1만 원이 아니라 1천 원으로 시작하면 되는 것 아니냐고 따져볼 수도 있겠다. 하지만 이 경우 순이익은 수수료가 없어도 고작 1000원에 불과하다. 그리고 기하급수적 증가는 매우 위력적이라 첫 베팅액을 10분의 1로 줄여도 세 판만 더하면 원래의 거대한 규모를 회복한다(2를 3번 곱하면 8이다). 1만 원을 벌려고 열 판씩 노심초사하며 도박 폐인이 되는 것보다 그 시간에 멀쩡한 일을 더 많이 해서 야근 수당이라도 받는 편이 경제적이다.

심지어 이런 도박에는 보통 최대 금액 제한이 걸려 있

다. 이럴 경우 더블 베팅 전략이 원천 봉쇄된다. 몇 번만 연속으로 져도 금액 제한에 걸려 베팅금을 두 배로 올리지 못하는 순간이 도달한다. 이는 합법적인 여러 카지노에서도 사용하는 방식이다. 제한을 두지 않으면 카지노가 지급하지 못할 만큼의 지출 상황이 발생할 수 있기 때문이다. 사실 최대 베팅 금액 제한을 두는 불법 도박 운영자는 그나마 양심적인 편이다. 애초에 불법적 행위를 저지르고 있는 운영자가 몇억 단위의 판돈이 들어왔을 때, 그냥 사이트를 폐쇄하고 도망가지 않으리란 법도 없다. 수수료만 조금씩 받아가며 정직한(?) 업체인 척 참가자를 모으다가 큰돈이 들어오면 단속에 걸리기 전에 도망가는 것이다. 그러니 수학적으로든 법적으로든, 불법 도박을 하는 것은 미련한 짓이다.

문제는 베팅의 크기

그렇다면 기댓값이 원금보다 큰 내기가 있다면 어떨까? 이것은 무조건 참가해야 할까? 불법이 아니라면 참가하는 편이 이롭다. 하지만 이것 역시 매우 조심스럽게 접근해야 한다. 앞의 홀짝 게임을 약간 변형한 게임을 살펴보자. 기존의 홀짝 게임에서는 맞히면 두 배, 틀리면 돈을 날렸지만, 이번에는 맞히면 1.8배, 틀리면 0.5배의 베팅금만 돌려준다고 가정하자.

이 게임에 1만 원을 베팅했을 때 기댓값은 아래와 같다.

(1.8만 원 × 1/2) + (0.5만 원 × 1/2) = 0.9만 원 + 0.25만 원 = 1.15만 원

베팅금인 1만 원보다 기댓값이 크다. 돈이 나오는 자판기 같은 게임이다. 매 판 1만 원씩 걸고 게임을 반복한다면 평균적으로 판 당 1500원을 벌 수 있다. 그런데 욕심이 생기기 마련이다. 굳이 매 판 1만 원만 걸 필요가 있을까? 만약 첫판을 이겨 1.8만 원이 생겼다면, 그 돈을 전부 다음 판에 베팅하는 편이 자산을 빠르게 불리는 데 유리하지 않을까? 한번 시뮬레이션을 돌려보자. 이겨서 생긴 돈을 항상 전부 다음 게임에 베팅하는 '몰방 전략'이다.

운 좋게 네 판을 모두 이겼다면 1만 원으로 시작해 약 10.5만 원으로 자산이 불어난다. 만약 매 판 1만 원씩만 베팅했다면 모두 이겨도 한판에 1.8만 원씩만 받는 셈이기에 자산이 7.2만 원밖에 되지 않는다. 몰방 전략이 더 좋은 것 같기도 하다. 하지만 위의 경우의 수를 살펴보면 전혀 그렇지 않다는 것을 알 수 있다. 두 번째 판이 끝나고 3.24만 원을 받는 경우는 2연승을 거둔 한 가지뿐이다. 0.9만 원이 되는 경우는 1승 1패, 혹은 1패 1승의 두 가지 경로이다. 그리고 0.25만 원을 받는 경우는 2연패를 거둔 한 가지 경우다. 총 네 가지 경

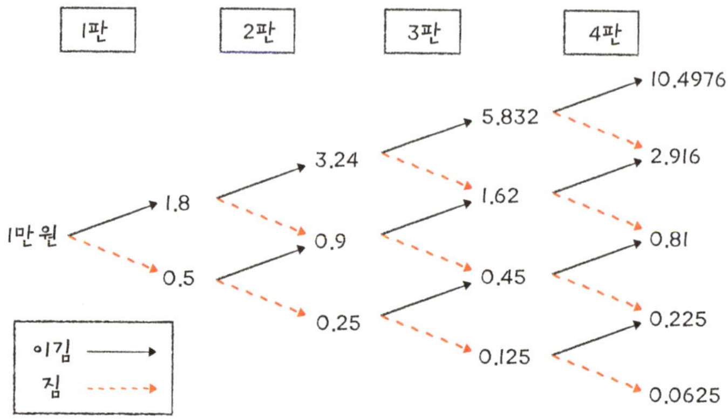

우의 수 중 돈이 불어나는 경우의 수는 한 가지뿐이다. 판수가 늘어나도 마찬가지다. 네 판을 했을 때 이기고 지는 경우의 수는 총 16가지이다. 그런데 원금보다 자산이 불어난 경우는 4연승의 한 가지 경우와 3승 1패의 네 가지 경우 총 다섯 가지뿐이다. 나머지 11가지 경우의 수에선 원금을 지키지 못한다. 즉 기댓값이 원금보다 큰 게임이더라도, 몰방 전략을 쓰면 평균적으로 돈을 잃는다.

왜 이런 현상이 발생하는 것일까? 이는 몰방을 하는 행위가 보상 배율을 제곱하는 것과 같기 때문이다. 열 번 게임을 한다면 이기고 질 확률이 반반이니 평균적으로 다섯 번 이기고 다섯 번 지는 경우가 가장 많다. 이 경우 몰방 전략을 사용한다면 얻게 되는 돈은 1.8의 5제곱에 0.5의 5제곱을 곱한 것과 같다. 수식으로 표현하면 다음과 같다.

$$(1.8)^5 \times (0.5)^5 = (1.8 \times 0.5)^5 = (0.9)^5$$

1보다 작은 수는 반복해서 곱할수록 점점 작아지기 마련이다. 몰방을 열 번 한다면 0.9를 다섯 번 곱하는 것과 비슷한 행위를 하는 것이다. 100번 한다면 0.9를 50번 곱하는 것과 같다. 몰방 베팅을 하면 할수록 자산은 0에 가까워진다. 분명 이 게임의 한 판당 기댓값은 원금보다 컸다. 문제는 베팅의 크기(베팅 사이즈)다. 가진 돈을 전부 베팅하는 것은 기댓값이 분명 유리한 게임에서도 패배하게 되는 멍청한 짓이다.

도박에 미분까지 넣는다고?

베팅 사이즈는 어떻게 정해야 할까? 미국의 수학자인 존 켈리John Kelley는 간단한(?) 미분 계산을 통해 베팅액을 정하는 공식을 만들었다(문자가 섞인 식만 보면 골치가 아파지는 독자는 다음 문단을 건너뛰고 결과만 봐도 좋다). 우선 이겼을 때 베팅한 돈에 대해 얻는 순이익률을 a, 졌을 때 내야 하는 순손실률을 b라고 하자. 그리고 이길 확률이 p라면 질 확률은 $(1-p)$가 된다. 그리고 베팅 사이즈를 현재 가지고 있는 자산에 대해 일정한 비율로 설정해보자. 이 비율을 x라고 한다. 그렇다면 게임을 반복했을 때 자산이 증가하는 평균적인 비율 y는 다음과 같이 나타낼 수 있다.

$$y=(1+ax)^{p}\cdot(1-bx)^{(1-p)}$$

우리가 궁금한 것은 y가 최대가 되게 하는 x이다. 학창 시절 배웠던 미분은 이런 문제를 풀 때 유용하다. 다만 미분 강의까지 하면 글이 너무 길어질 것 같으니, 미분을 통해 구한 최적의 x값만 살펴보자. 이 수식을 '켈리 공식'이라 한다.

$$x=\frac{p}{b}-\frac{1-p}{a}$$

위 식을 살펴보면 순손실률 b가 크거나 순이익률 a가 적을수록 베팅 사이즈를 줄여야 함을 알 수 있다. 반대로 이길 확률 p가 크다면 베팅 사이즈를 늘려도 좋다. 앞에서 본 1.8배, 0.5배의 홀짝 게임에서 x는 얼마일까? 이겼을 때 순이익률은 0.8이고, 순손실률은 0.5이며, 이길 확률은 0.5이다. 위의 식에 넣어 계산해보면 x는 0.375다. 즉 가진 자산을 몰방하는 것이 아니라 가진 자산의 37.5퍼센트만 계속해서 베팅을 하면 가장 높은 수익률을 올릴 수 있다. 어떤 게임의 경우 x가 0보다 작을 때도 있다. 이런 게임은 애초에 기댓값이 원금보다 낮은 게임이므로 참가 자체를 하면 안 된다.

켈리 공식은 여러 실전적 상황에 적용할 수 있다. 친구와 일대일 포커 게임을 한다고 해보자. 몇 판 해보니 내 실력이 친구보다 약간 좋아 승률이 60퍼센트쯤 나오는 것 같다. 그렇다면 우리는 최적의 베팅 사이즈를 수학적으로 계산할 수 있다. 일대일 포커 게임의 경우 이긴 사람이 건 돈을 모두 가져가는 게임이니 순이익률과 순손실률이 둘 다 1인 게임이다. 이길 확률은 0.6이니 켈리 공식에 이 숫자를 집어넣으면 x가 0.2가 나온다. 매 판 가지고 있는 칩의 20퍼센트 정도를 베팅에 활용하는 것이 현명하다.

만약 손에 들고 있는 패가 상당히 좋아 이길 확률이 더 높아졌다고 판단되면 20퍼센트보다 베팅 사이즈를 높이면 된다. 그렇지 않다면 폴드(기권) 선언을 하거나 베팅 사이즈를 줄이면 된다. 네 명이 치는 포커 게임도 동일하다. 실력이 좋아 네 명이 해도 승률이 30퍼센트 정도 나온다면, 순이익률 3(나머지 세 명의 돈), 순손실률 1, 이길 확률 0.3을 넣고 계산하면 된다. 공식에 따르면 이 경우 가진 칩의 7퍼센트 정도를 베팅하는 편이 현명하다. 다만 친구끼리 하는 돈내기가 어디까지 합법인지는 잘 모르겠다.

로또와 정규분포

이번에는 확실하게 합법적인 돈내기를 살펴보자. 복권

이다. 나는 '복권은 멍청한 사람에게 매기는 세금'이라는 말을 믿는 편이다. 일반적인 복권의 기댓값은 복권 가격보다 작기 때문이다. 한 회차에 발행되는 모든 복권을 구매하는 비용은 그 회차의 총당첨액보다 항상 크게 설정된다. 그래야 복권을 발행하는 주체가 돈을 벌 수 있다. 한국에서 많은 사람들이 구매하는 로또의 경우 총구매액의 50퍼센트만 총당첨금으로 설정된다. 그렇기에 복권을 계속 구매하는 행위는 기댓값이 원금보다 작은 게임에 계속해서 참가하는 것과 같다.

나는 살면서 복권을 딱 한 번 구매해봤는데, 친구들과 술을 마시다 만취한 상태에서 구매한 편의점 즉석 복권이었다. 그 뒤로 맨정신에는 절대 복권을 사지 않는다. 이런 나에게는 아니지만, 누군가에게는 복권이 산술적 기댓값 이상의 가치를 가지고 있을 수 있다. 혹시 당첨될지도 모른다는 일주일간의 희망과 재미는 돈으로만 설명할 수 없는 경제학적 효용을 가지고 있을지 모른다. 그리고 이런 사람들을 위해 기댓값을 엄청나게 높일 방법을 나는 알고 있다.

2024년 7월, 흥미로운 기사 하나가 신문에 실렸다. 로또 1등 당첨자가 역대 최대인 63명이나 나왔다는 것이다. 이렇게 당첨자 수가 많아지면, 당첨금을 서로 나눠 받기 때문에 1등이어도 받는 금액은 터무니없이 줄어든다. 로또는 45개의 숫자 중 순서와 상관없이 당첨 번호 6개를 맞히면 1등이 되는 돈내기이다. 45개의 숫자 중 6개를 고르는 경우의 수는 약 814만 가

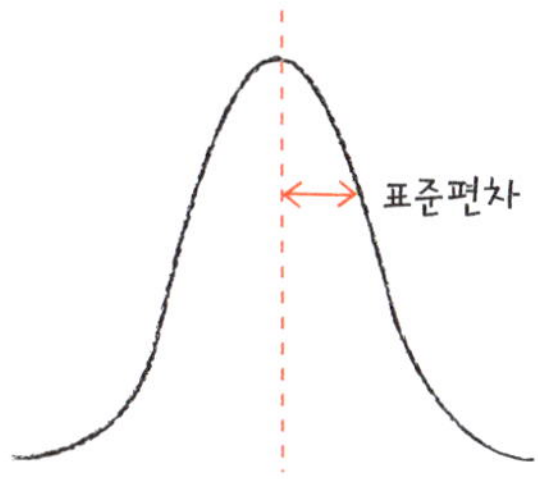

지이다. 통계를 살펴보면 회차당 8000만 개 정도가 팔리고 있으니 약 10명 정도의 1등 당첨자가 나오는 것이 정상으로 보인다. 63명의 공동 1등이 나올 확률은 얼마나 될까? 이게 가능한 수치일까? 복권이 조작된 것은 아닐까? 이는 '물리학자가 지옥에 갈 확률'에 나오는 정규분포를 활용하면 쉽게 계산해볼 수 있다.

정규분포는 종 모양의 곡선이다. 동전을 던져 앞면 혹은 뒷면이 나올 확률이 반반이라면 100번 던졌을 때 앞면은 몇 번이 나올까? 평균적으로는 확률이 50퍼센트이므로 50번 나올 것이다. 다만 운이 너무 좋아 60번 나오는 경우도 존재할 것이다. 이처럼 평균에서 벗어난 확률을 설명하기 위해 '표준편차'라는 개념을 활용한다. 표준편차는 이 확률 분포가 평균에서 얼마나 벗어나 있는지를 나타내는 지표이다.

동전을 던지는 상황에서 앞면이 나올 횟수의 표준편차는 (동전을 던진 횟수)×(앞면이 나올 확률)×(앞면이 안 나올 확률)의 제곱근이다.

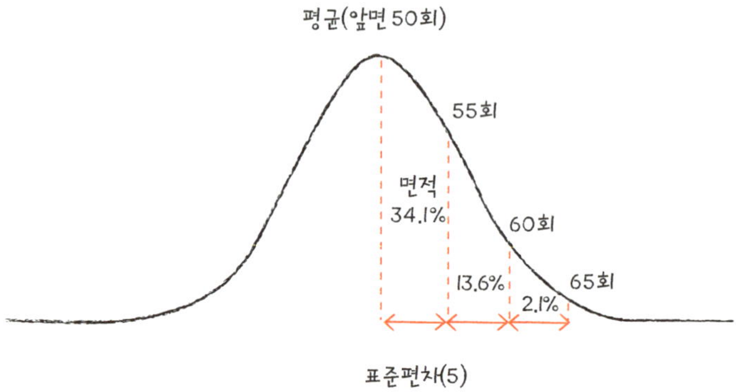

동전을 100번 던졌고, 앞면과 뒷면이 나올 확률은 각각 0.5이므로 100×0.5×0.5는 25이다. 이 값에 루트를 씌우면, 표준편차는 5이다. 100번의 동전 던지기에서 앞면이 50번이 아니라 45번, 혹은 55번이 나왔다면 이는 평균에서 표준편차(5)만큼 떨어진 수치이다. 어떤 값이 정규분포의 평균에서 표준편차보다 크고 그 두 배보다 작을 확률은 약 13.6퍼센트이다. 표준편차의 두 배보다 크고 세 배보다 작을 확률은 2.1퍼센트 정도이며 세 배보다 클 확률은 0.1퍼센트밖에 되지 않는다. 즉 동전을 100번 던졌을 때, 앞면이 55~60번 나올 확률은 13.6퍼센트이고, 60~65번 나올 확률은 2.1퍼센트 정도이다. 65번 이상으로 앞면이 나올 확률은 0.1퍼센트밖에 되지 않는다. 앞면이 70번 넘게 나올 확률은 3만 분의 1보다 작다. 나 같으면 100번 던져 앞면이 70번 나온다면 그 동전이 조작된 것은 아닌지 의심부터 해볼 것이다.

다시 로또 당첨자 수 문제로 돌아가보자. 전체 로또 판매 용지는 8000만 장이다. 로또 한 장이 1등 당첨 용지가 될 확률은 약 800만 분의 1이다. 그리고 당첨 용지가 되지 않을 확률은 1 빼기 800만 분의 1이니 거의 1로 봐도 무방하다. 그렇다면 표준편차는 (8000만 장)×(800만 분의 1)×1의 제곱근이다.

계산해보면 로또 당첨자 수의 표준편차는 10의 제곱근으로 약 3.2다. 63명의 당첨자는 평균인 10명보다 53명이 많은 값이다. 53은 표준편차 3.2의 16배가 넘는다. 앞서 평균 대비 표준편치의 3배보다 큰 값이 나올 확률은 0.1퍼센트라고 했다. 평균에서 벗어날수록 이 확률은 기하급수적으로 낮아진다. 사실 정규분포에서 표준편차의 7배를 넘기는 것은 지구의 역사만큼 로또를 추첨해도 나올까 말까 한 확률이고, 8배를 넘기는 것은 우주의 역사와도 비교할 수 있는 작은 확률이다. 그러니 표준편차의 16배가 넘는 경우가 관측되는 것은 사실상 불가능한 사건이다. 그런데 63명의 1등 당첨자가 나왔다니 어떻게 된 일일까? 로또가 조작된 것일까?

힌트는 당첨자들의 번호 선택 방식에 있다. 로또 번호를 고르는 방식에는 두 가지가 있다. 하나는 구매자들이 수기로 6개의 번호를 고르는 수동 선택이고, 다른 한 가지는 기계가 무작위 숫자를 골라주는 자동 선택이다. 63명이 당첨된 회차에서 11개만이 자동, 나머지 52개는 수동이었다. 통계 자료를 확인해보면 당첨 용지 중 10개 정도는 자동 선택을, 나머지는 수동 선택을 했다는 사실을 확인할 수 있다. 앞서 우리는 당첨자 수의 분포가 10명을 평균으로 하는 정규분포를 가진다는 점을 알고 있다.

수학적으로 이런 정규분포가 나오기 위한 한 가지 전제가 있다. 모든 복권 용지의 번호 조합이 특정 번호에 몰리지 않고 고르게 분포해야 한다는 전제이다. 자동 선택의 경우 번호를 임의로 고르는 것이기에, 이런 정규분포를 잘 따른다. 그래서 자동 선택을 한 1등 당첨자의 수는 항상 10명 근처가 나온다. 하지만 수동 선택은 다르다. 사람들에게 임의로 번호를 고르게 하면 보통 특정 번호에 집중되기 마련이다. 7, 17, 37과 같은 수이다. 또한 생년월일 등을 활용하기도 하는데, 달력에는 1~12월, 1~31일까지 밖에 없다. 즉 몇 가지 숫자들로 선택이 제한될 수 있다. 어쩌다 추첨된 당첨 번호가 이런 숫자들과 겹친다면 표준편차의 범위를 벗어난 수많은 수동 당첨자가 발생할 수 있다. 당첨자가 많은 회차에서 수동 당첨자가 자동보다 많은 것은 이 때문이다. 이걸 보고 '수동이 당첨 확률이 높은가?'라고 생각하면 큰일 난다. 각 번호 조합이 당첨될 확률은 항상 800만 분의 1로 동일하다. 다만 특정 번호 조합을 고르는 사람이 많은 것일 뿐이다.

머리가 잘 돌아가는 독자라면 여기서 로또 당첨금을 높이기 위한 전략을 떠올려볼 수 있다. 일단 수동 추첨은 위험하다. 임의로 숫자를 잘 흩뿌려 놓았다고 생각해도 사람들의 무의식적 사고 회로는 비슷하기에 나와 똑같은 번호를 고른 사람들이 많아질 가능성이 높다. 번호가 중복될 확률을 줄이기 위해 자동 추첨을 활용하는 것이 편하게 당첨금을 높이는 방법이다. 기계를 못 믿겠다면 수동 추첨을 해도 좋다. 다만 약간의 수고를 보태면 된다. 당첨자 수가 많은 회차의 당첨 번호를 보고, 해당 번호들을 최대한 피해서 번호를 고르는 것이다. 그 번호가 다시 나올 확률이 줄어들기 때문은 절대 아니다. 그런 번호들이 일반적으로 사람들이 많이 고르는 번호이기 때문이다. 귀찮다고 1, 2, 3, 4, 5, 6 같은 조합을 선택하면 몇십 명이 아닌 몇백 명의 공동 당첨자를 만나게 될 수도 있다. 이런 조합을 잘 피한다면 당첨자 수가 10명 남짓일 확률이 올라간다. 수십 명과 당첨금을 나눠 갖는 것이 아니기에 당첨금의 기댓값을 몇 배로 올릴 수 있는 전략이다.

뉴턴이 주식에 실패한 이유

마지막으로 돈내기의 다른 합법적 영역인 주식 시장을 살펴보자. 복권을 살 돈으로 차라리 주식을 사는 게 낫다고 생각할 수 있다. 다만 내가 사려는 종목의 가격 변동 기댓값이 원금보다 클지 작을지 예측하는 것은 매우 어렵다. 주식의 가격은 구매하려는 세력과 판매하려는 세력 간의 줄다리기에 의해 결정된다. 특정 기업의 전망이 좋아 사려는 사람이 많아지면 가격이 올라가고, 미래가 좋지 못해 팔려는 사람이 많아지면 가격이 내려간다. 하지만 미래를 정확히 예측하는 것은 불가능하고, 주식 가격은 항상 요동치기 마련이다. 뒤에 나올 '인류 멸망에 대비한 부동산 투기법'을 함께 읽어봐도 좋을 것이다. 나는 미래를 예측하고 싶었지만 참패했다.

훌륭한 과학자이자 수학자였던 아이작 뉴턴 역시 주식 투자에 실패한 후 "나는 천체의 움직임을 계산할 수 있지만, 인간의 광기는 모르겠다"라는 말을 남겼다고 전해진다. 뉴턴도 실패했는데 나의 실패는 어쩌면 당연한 걸지도 모른다. 이런 주식시장의 불확실성을 회피하기 위해 금융업계는 가지각색의 파생상품을 만들어냈다. 대표적인 것이 '선물 옵션'이다. 넷플릭스 드라마 〈오징어 게임〉(2021)에서 주인공의 후배인 조상우는 선물 옵션을 하다 패가망신한 것으로 나온다. 도대체 이 '옵션'이 뭘까? 위험한 것일까?

옵션은 구매자가 특정한 시점에 미리 정해둔 가격으로 주식을 팔거나 살 수 있는 '권리'를 뜻한다. 여기에서 팔 수 있는 권리를 풋옵션, 살 수 있는 권리를 콜옵션이라고 하는데, 여기서는 콜옵션에 집중해보자. A라는 회사의 현재 주식 가격이 1000원이다. 그리고 1년 뒤 이 주식을 1200원에 살

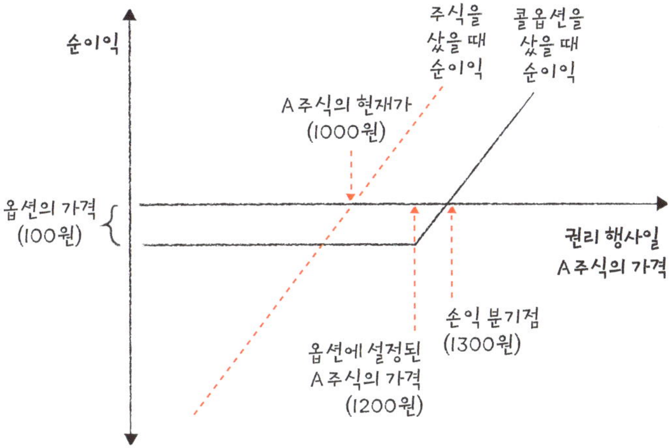

수 있는 콜옵션이 있다고 하자. 현재 이 옵션의 가격은 100원이다. 나중에 주식을 살 수 있는 권리를 100원에 사고판다고 생각하면 된다. 1년 뒤 해당 주식의 가격이 1400원이 된다면 우리는 구매해둔 옵션의 권한을 행사하면 된다. 즉 1400원짜리 주식을 1200원에 사서 바로 다시 1400원으로 되팔면 200원의 차익이 생긴다. 처음에 옵션의 가격이 100원이었으니 순이익은 100원이 된다. 만약 1년 뒤 A 주식이 800원이 됐다면 어떨까? 굳이 옵션을 행사하여 1200원으로 800원짜리 주식을 살 필요는 없다. 우린 그냥 옵션 구매 가격인 100원만 손해 보면 된다. 듣기만 해도 복잡하다. 도대체 왜 이런 시스템이 생긴 것일까?

콜옵션은 일종의 '보험'과 같다. 위의 그림은 1년 뒤 A 주식의 가격에 따른 옵션을 통한 순이익을 나타낸 것이다. 1

년 뒤의 가격보다 옵션을 통해 미리 정해둔 가격이 싸다면 옵션을 행사하면 된다. 이 차익에 옵션의 원래 가격을 뺀 만큼이 순이익이 된다. 만약 미리 정해둔 가격보다 주식이 더 떨어졌다면 그냥 옵션을 행사하는 것을 포기하고 옵션 자체의 가격 100원만큼만 손해를 보면 된다. 아무리 A 주식이 떨어져도 손해는 100원으로 고정이다. 옵션이 아니라 그냥 A 주식을 샀다면 1년 뒤 주식 가격의 등락만큼 정직하게 이익과 손실을 얻게 된다. 하지만 콜옵션은 마치 돈을 주고 보험을 산 것과 비슷하다. 설명만 들으면 그냥 주식을 사고파는 것보다 좋아 보인다. 그런데 왜 옵션 거래를 하면 위험하다고 하는 것일까?

문제는 옵션 상품에 '시간'이란 가치가 들어 있다는 점이다. 처음 위의 콜옵션을 구매했을 시점에는 1년 뒤 A 회사의 주식 가격에 베팅한 셈이 된다. 먼 미래는 수많은 가능성을 가지고 있다. 옵션에 적혀 있는 정해진 가격보다 주식이 훨씬 더 오를 수도 있고 그 반대일 수도 있다. 하지만 시간이 흘러 옵션 행사일 전날이 되면 어떨까? 하루 만에 주가가 30퍼센트씩 등락하는 이상 현상이 발생하지 않는 한 옵션의 가치가 어느 정도 '결정'된다. 옵션은 주식과 마찬가지로 서로 사고팔 수 있는 상품이다. 1200원에 A 주식을 살 수 있는 콜옵션이 있을 때, 권리 행사일 전날에도 A 주식의 가격이 1000원이라면 옵션 자체의 가격은 휴지 조각에 가까워진다.

갑자기 하루 만에 가격이 200원 넘게 올라 옵션이 이익 구간에 들어설 가능성이 매우 낮기 때문에, 이 옵션을 사려고 하는 사람은 별로 없을 것이다.

1년 전이었다면 상황이 달랐을 것이다. 1년이면 A 회사가 성장하여 주가가 1200원을 돌파할 가능성이 어느 정도 있기 때문이다. 즉 옵션의 가격에는 시간이란 변수가 포함되어 있다. 옵션 거래의 어려운 부분은 해당 옵션의 가격이 현 시점에서 적절한지를 판단하는 것이다. 주식의 가격을 예측하는 것도 어려운데, 여기에서는 권리 행사일까지 시간이 얼마나 남았는지도 고려해야 한다. 하루가 아니라 애매하게 일주일이 남았다면 옵션의 가격이 얼마가 되어야 할까? 혹은 한 달이라면? 세계의 수많은 학자들이 옵션의 가격을 평가하는 방법에 매달렸고, 그 결과 꽤 보편적인 수학 공식이 생겨났다. 복잡하게 생겼지만 지레 겁먹지 말자.

$$\frac{\partial F}{\partial t} + \frac{1}{2}\sigma^2 S^2 \frac{\partial^2 F}{\partial S^2} + rS\frac{\partial F}{\partial S} = rF$$

[F 옵션 가격, S 주식 가격, t 시간, r 이자율, σ 변동성]

'블랙-숄스-머튼 방정식'으로 알려진 수식이다. 이를 개발하고 발전시킨 미국의 수리경제학자 세 명의 이름—피셔 블랙Fischer Black, 마이런 숄스Myron Scholes, 로버트 머튼

Robert Merton—을 딴 이 공식은 꽤 복잡한 편미분 방정식이다. (공식에서 6을 좌우로 뒤집은 것처럼 생긴 기호가 편미분 기호인데, 일단은 몰라도 상관없다.) 방정식을 직접 풀어 옵션의 적정가를 구하려면 대학 전공자 수준의 수학적 지식이 필요하다. 하지만 괜찮다. 우선 이 공식이 어떠한 생각을 바탕으로 짜여 있는지, 그 의미는 무엇인지 살펴보자.

꽃가루의 브라운 운동과 금융공학

옵션 가격은 시간에 따른 주식 가격의 변동에 기초하여 변화한다. 권리 행사일까지 시간이 많이 남았다면 그동안 주식 가격이 더 크게 변할 가능성이 높고, 옵션의 가격에도 영향을 줘야 한다. 문제는 주식 가격이 시간이 흘렀을 때 정확히 얼마가 될지 모른다는 점이다 (애초에 이걸 알면, 옵션이 아닌 주식 거래를 하면 된다). 수학자들은 주식 가격의 움직임이 물리학자 알베르트 아인슈타인이 설명한 '브라운 운동'과 유사하다는 점에 주목했다.

브라운 운동은 1827년 스코틀랜드의 식물학자 로버트 브라운이 발견한, 액체 속에서 꽃가루와 같은 작은 입자의 움직임이다. 꽃가루를 물에 넣고 현미경으로 보면 끊임없이 스스로 움직이는 것처럼 보인다. 1800년대에는 이 불규칙한 움직임을 설명할 방법을 찾지 못했다. 그리고 1905년 아인슈타인이 등장하여 이 움직임을 설명하는 공식을 제안했다. 꽃가루는 액체를 이루는 분자들과 끊임없이 부딪히며 아무 방향으로나 조금씩 움직인다. 그리고 그 방향 역시 끊임없이 임의로 변한다. 일정 시간이 흐른 후 개별 꽃가루의 위치는 예측이 어렵지만, 여러 꽃가루의 위치가 '평균적'으로 얼마나 변했는지는 수학적으로 예측 가능하다. 이를 설명하기 위해 다시 한번 동전을 던져보자. (물리학자들은 원래 동전 던지기를 좋아한다.)

꽃가루의 실제 움직임은 3차원이지만, 편의상 좌우 두 방향(1차원)으로만 움직인다고 가정하자. 동전을 던져 앞면이 나오면 좌로 한 칸, 뒷면이 나오면 우로 한 칸 움직이는 것이다. 동전을 100번쯤 던져 앞면이 55번, 뒷면이 45번 나왔다면 꽃가루는 좌로 10칸 움직이는 셈이 된다. 반반으로 값이 나오면 꽃가루는 최종적으로 움직이지 않게 된다. 우리는 앞서 동전의 앞면이 나오는 횟수가 종 모양의 정규분포를 따른다는 것을 알고 있다. 다시 한번 '그 곡선'이 등장하는 순간이다. 브라운 운동에서 시간이 흐르는 것은 동전을 계속 반복해서 던지는 행위와 같다. 앞면이 나오는 정규분포가 얼마나 '퍼져 있는지' 나타내는 표준편차는 앞서 살펴봤듯이 (동전을 던진 횟수)×(앞면이 나올 확률)×(뒷면이 나올 확률)의 제곱근이다.

각 확률에는 변화가 없으니, 동전을 던진 횟수가 늘어날수록 표준편차는 증가한다. 즉 시간이 흐를수록 표준편차가 증가하여 정규분포 곡선이 '퍼지게' 된다.

이는 수많은 꽃가루가 물속에서 퍼져나가는 형태와 일치했다. 아인슈타인은 이 수학적 설명으로 브라운 운동을 해석하는 데 성공했다. 그런데 꽃가루의 움직임과 주식 가격의 변동이 무슨 상관일까? 앞서 주식의 가격은 구매하려는 세력과 판매하려는 세력 간의 줄다리기에 의해 결정된다고 했다. 그런데 이 세력 간의 힘이 비슷할 때는 어떨까? 마치 임의의 방향으로 부딪히는 물 분자들에 의해 움직이는 꽃가루처럼, 양쪽 세력의 수가 조금씩 변화할 때 주식 가격이 조금씩 흔들리게 된다. 일정 시간이 흐른 뒤, 정확한 주식 가격의 위치는 맞힐 수 없다. 하지만 어느 정도의 범위에 들어와 있을지는 정규분포를 이용해 예측할 수 있다. 블랙-숄즈-머튼 방정식에서 σ는 변동성이다. 이를 정규분포에서 표준편차라

동전을 여러 번 던져 앞면이 나온 횟수의 분포

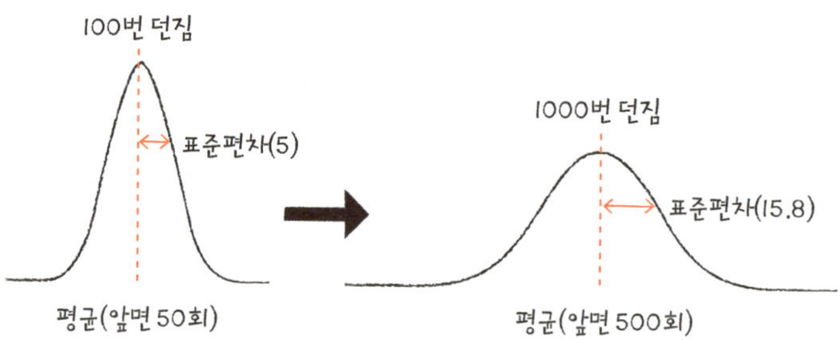

고 해석해도 무방하다. 변동성은 각 주식 종목별로 다르다. 작은 회사의 주가는 가벼운 꽃가루처럼 세력들이 조금만 당겨도 크게 흔들릴 수 있다. 종목별 변동성은 주가 차트를 보고 가격 변화의 표준편차를 통계 내 알아낼 수 있다. 그리고 시간이 지남에 따라 확률 분포가 퍼져나가는 것을 계산하여 적절한 옵션의 가격을 역으로 추산할 수 있다.

옵션의 가격 F는 일정 시간 t가 흐른 뒤 예상되는 주식 가격 S에 대해 변화해야 한다. 정확히 주식 가격이 얼마일지는 모르지만, 각 종목의 변동성 σ를 고려했을 때 특정 시간 뒤 어떤 범위 안에 들어올지는 계산할 수 있다. 그리고 그 확률적 범위가, 옵션이나 주식을 살 돈으로 그냥 '이자 놀이'를 했을 때 벌 수 있는 돈—이자율 r—과 균형을 이루는 지점에서 옵션의 가격이 결정된다. 시간에 따른 어떤 수치의 변화율은 '편미분'을 통해 알 수 있는데 이 모든 개념을 조합한 것이 블랙-숄즈-머튼 방정식이다. 이 방정식의 등장 이후 수많은 수학자와 물리학자에게 새로운 일거리가 생겼다. 편미분 방정식과 확률 분포, 브라운 운동은 수리물리학자들이 밥 먹듯이 다루던 개념이기 때문이다. 실제로 많은 금융 투자 집단들이 수학자와 물리학자를 고용하고 있으며, 그들은 이 공식을 더 정밀하게 수정해가며 기록적인 돈을 벌고 있다. 그렇다면 실험실에서 컵라면이나 끓여 먹을 줄 알던 물리학과 대학원생들은 전부 부자가 됐을까?

안타깝게도 그렇지만은 않다. 블랙-숄즈-머튼 방정식은 개인 투자자가 활용할 만한 '진리'와는 거리가 있다. 분명 유용한 개념을 담고 있긴 하지만, 항상 돈을 벌어다 주는 만능 공식이 아니며, 보완할 점들이 남아 있다. 가장 큰 약점은 주식 가격의 변동이 완벽한 브라운 운동이 아니라는 점이다. 예상치 못한 큰 사건이 발생하면 주가는 한 칸이 아니라 한 번에 몇 칸씩 이동할 수도 있다. 대형 금융 투자 집단들은 이러한 위험성 또한 분산 투자와 재분배를 통해 줄여나갈 수 있지만, 개인 투자자가 실천하기에는 어려운 방법이다. 또한, 현재 주가의 등락 자체가 미래 주가의 등락에도 영향을 미친다. 동전 던지기의 경우 앞선 결과가 앞면이든 뒷면이든 다음번 던지는 확률에 영향을 미치지 않는다.

주식은 다르다. 큰 폭의 가격 변동은 참여자들의 공포를 유발하여 그다음 행위에 영향을 미친다. '물리학자가 지옥에 갈 확률'에서도 설명했듯이, 정규분포는 시도별 확률이 서로 영향을 미치지 않는 '독립적'인 경우에만 유효하다. 그렇지 않고 사건별 연관성이 존재한다면 정규분포의 형태가 변화한다. 종 모양으로 양 끝이 감소하지 않고, '꼬리'를 남긴다. 수리경제학이나 복잡계 물리학에서 '뚱뚱한 꼬리fat tail'라고 부르는 현상이다. 정규분포를 따르는 브라운 운동을 기반으로 했던 블랙-숄즈-머튼 방정식은 이런 복잡계적 현상과 혼돈 이론chaos theory을 고려하여 지금도 계속해서 수정되고 있다. 하지만 이런 것들을 전공하지 않은 개인 투자자들은 옵션거래에 손을 댔다가 실패할 가능성이 높다. 〈오징어 게임〉의 조상우는 서울대학교 경영학과를 나왔지만, 수리경제학이나 복잡계 물리학 과목은 수강하지 않은 것 같다.

나는 여러 수학적·물리학적 탐구를 통해 그 규칙 속에서 '합리적'인 전략을 찾고자 한다. 이젠 진실을 말할 때가 됐다. 여기까지 힘들게 읽은 독자들에게는 미안하지만, '항상' 이기는 것은 불가능하다. 모든 것이 확실하다면 애초에 '확률 게임'이 아니다. 그리고 돈과 관련된 것들은 날이 갈수록 복잡해지고 있다. 복잡해지는 자본의 세계에서 원시적인 직관만 가지고 있다면 잘못된 판단을 내리기 쉽다. 불법 도박 운영자부터 금융업계 연구원들까지 우리의 돈을 호시탐탐 노리고 있다. 나는 엉뚱한 생각들을 즐겨하지만, 때때로 정신을 똑바로 차려야 한다. 그것이 이길 확률을 조금이라도 높이는 방법이다. 그건 그렇고 물리학을 전공한 나는 왜 주식으로 큰돈을 못 벌었을까? 사실 나는 대학원 복잡계 물리 수업에서 매번 졸기만 하다가 결국 수강을 취소했다.

11. 족보의 진실

요즘은 시들해진 것 같지만, 한때 '나의 뿌리 찾기'라는 활동이 유행한 적이 있다. 종종 초등학교 과제로도 나온 이것은, 자신의 성씨와 본관, 파, 항렬 등을 조사하고 가까운 가계도를 만들어오는 것이었다. 과제를 받은 초등학생들은 부모님의 도움을 받아 만들어온 자신의 족보를 친구들과 돌려보며 떠들곤 했다. 자기가 왕족이니, 유명한 인물의 후손이니 하는 식이었다.

제사상에 숟가락을 몇 개나 올려야 할까?

한국에서 흔한 성씨와 본관인 '전주 이씨'인 나는 '본관이 같은 많은 친구들과 서로 먼 친척이 아닐까?' 혹은 '조선

왕족이 이렇게 많다고?' 하는 생각에 잠기곤 했다. 이 의문은 학년이 올라가고 국사를 배우면서 해결되었다. 조선 건국 초 10퍼센트도 되지 않던 양반의 비율은 임진왜란을 거치며 30퍼센트 이상, 조선 후기에는 50퍼센트 이상으로 증가했다. 이유는 단순했다. 전란 이후 혼란스러운 시기에 족보를 사고파는 일이 많았다. 그리고 돈을 주고 가계도를 살 때는 기왕이면 왕족이나 양반의 것을 사는 편이 합리적이었을 것이다.

위의 의문은 간단히 해결되었지만, 당시 초등학생의 머릿속엔 다른 의문도 있었다. 나를 중심으로 가계도를 그리면 마치 나무처럼 위로 올라갈수록 그 수가 늘어나는 것처럼 보였다. 나의 부모님은 2명, 조부모님은 4명이다. 증조부모님은 8명, 고조부모님은 16명으로 그 수는 세대가 올라갈수록 계속 두 배로 증가했다. 그 위로 족보를 살펴보진 않았지만, 나를 기준으로 몇 세대만 위로 올라가도 분명 꽤 많은 수의 조상이 존재해야 했다. 나뿐만이 아니라 다른 친구들도 이렇게 수많은 조상이 존재한다면, '도대체 과거에는 얼마나 많은 조상이 있어야 할까?'라는 의문이 생겼다. 물론 나와 내 사촌처럼 조상이 같은 경우도 있으니, 계산은 상당히 복잡했다. 초등학생의 부족한 산수 실력으로 의문을 해결하기는 버거웠다. 그리고 어린 시절의 이 의문은 나이를 먹어가며 흐려졌다.

다시 이 생각을 떠올린 것은 최근 설날 밤이었다. 대학과 직장 생활을 위해 홀로 상경한 나는 성인이 된 후 명절마다 지방의 본가에 내려가 고향 친구들을 만나곤 했다. 그리고 그때가 아니면 서로 볼 일이 별로 없었기에 늦은 밤까지 술자리를 가지기 일쑤였다. 마찬가지로 오랜만에 본 부모님께는 죄송했지만, 친구들과 놀고 항상 술에 거나하게 취해 부모님 댁으로 귀가하곤 했다. 오랜만에 친척들과 친구들을 봐서일까? 부모님께 죄송해서일까? 아니면 술에 취해 추억에 잠겼기 때문일까? 갑자기 잊고 지내던 생각이 다시 떠올랐다. '내 조상은 몇 명이나 있어야 하지?'

부모님 댁에 남아 있는 어린 시절 침대에 누워 대충 암산을 해보았다.

한 세대를 대략 30년으로 잡아보자.

10세대면 300년이다.

위 세대의 수는 아래 세대의 두 배이다.

300년마다 2의 10거듭제곱(1024), 대략 1000배로 조상의 수가 늘어야 한다.

나는 1990년대생이니, 600년 전 조선 건국 당시에는 1000 곱하기 1000, 약 100만 명의 내 조상이 있어야 한다.

뭔가 이상했다. 나 하나를 탄생시키기 위해 조선 초기에는 100만 명의 조상이 존재해야 했다. 고려시대까지 올라가면 어떨까? 900년 전에는 100만 곱하기 1000, 약 10억 명의 조상이 있어야 한다. 1100년경 전 세계 인구는 약 3억 명 수준이었고, 고려의 인구는 약 500~700만 명 정도로 추산된다. 초등학생 시절의 직감이 맞았다. 족보가 뭔가 이상하다. 두 배 곱하기로 계산된 내 조상의 산술적 수치는 당시 인구수를 아득히 뛰어넘는다. 모순적인 이 상황을 해결할 경우의 수는 '근친혼' 밖에 떠오르지 않았다. 가까운 친척끼리 결혼하여 후손을 낳은 경우에는 윗세대의 수가 꼭 두 배가 될 필요가 없다. 만약 어떤 조상의 부모가 사촌지간이라면 그 증조부 세대의 수는 8명이 아니라 6명이면 충분하다.

3세대마다 사촌끼리의 근친혼이 한 번씩 발생했다면, 10세대 위로 거슬러 올라갔을 때 필요한 조상의 수는 1000명이 아니라 390명 정도이다. 900년 전(30세대)이라면 약 6000만 명 정도가 필요하다. 기존의 10억 명에 비하면 훨씬 줄긴 했지만 여전히 고려시대의 인구보다 많다. 만약 조상 중 남매지간의 자손이 있다면, 필요한 수를 훨씬 빠르게 줄일 수 있다. 남매간의 근친혼에서는 세대가 올라갈 때 필요한 조상의 수가 두 배가 되지 않고 그대로 유지되기 때문이다. 다만 이렇게 가까운 근친혼이 빈번했을 것이란 가정이 타당한지, 있었다면 그 빈도는 정확히 어떻게 되어야 하는지는 취한 내가 생각하기에 여전히 어려웠다.

조상 역설과 근친혼

이튿날, 부모님 댁을 떠나 집으로 돌아온 나는 의문을 해결하기 위해 자료 조사를 시작했다. 처음에는 적절한 검색어를 설정하는 데 난항을 겪었지만, 이내 많은 해외 자료들을 찾을 수 있었다. '조상 역설ancestor paradox' 혹은 '혈통 붕괴pedigree collapse'라는 연구 주제는 과거부터 꽤 오랫동안 정교하게 발전해온 분야였다. 수학의 한 분야인 네트워크 및 그래프 이론을 도입하기도 하고, 최신 유전자 분석 기술을 이용한 경우도 있었다. 예상보다 더 복잡한 주제였지만, 모든 연구에서 말하는 공통점이 있었다. 근친혼은 일반적인 통념보다 높은 비율로 발생했고, 현재의 인구 구성은 그 결과물이다. 특히 수학적으로 전공자 수준의 복잡한 네트워크 이론이 도입된 이유는 근친혼의 양상이 다양하기 때문이다.

단순히 같은 항렬 간의 근친혼을 넘어 부모와 자식, 삼촌과 조카 사이 세대 간 근친혼은 가계도에 일종의 '순환 고리'를 형성한다. 이렇게 되면 족보가 꼬여 단순히 '몇 배'를 곱하는 식으로 세대의 수를 계산하기가 어렵게 된다. 이런 가까운 근친혼의 극단적인 사례는 '순수 혈통' 혹은 '정략결혼'을 중시했던 왕가이다. 예를 들어 스페인의 알폰소 12세에게는 8명이 아니라 4명의 증조부모만 있다. 또한 그의 증조부모 중 카를로스 4세와 마리아 루이사는 사촌이었으며, 다른 증조부모인 마리아 이사벨라의 부모였다. 보기만 해도 난잡하다. 다행(?)인 점은 현재의 인구 구성을 설명하기 위해 꼭 이런 극단적으로 가까운 혼인만 고려하진 않아도 된다는 점이다. 사촌이 아닌 6촌이나 8촌 이상의 혼인도 필요한 조상의 수가 폭발하는 현상을 막는 데에 도움을 주기 때문이다. 다만 이런 먼 친척 간의 혼인만으로는 여전히 과거 인구의 수가 수학적으로 설명되지 않는다. 따라서 그보다 가까운 혼인이 인구학적으로 반드시 존재해야만 한다.

가까운 혼인에 대한 고려는 인구학적으로 필수 불가결이지만, 근대에 들어 문화적으로는 이를 터부시 하는 경향이 있다. 그리고 이것이 생물학적 관점에서 불리한 점들이 있기 때문이라는 견해가 있다. 진화적으로 암수가 짝을 지어 번식하는 유성생식을 하게 된 것은 변화하는 환경에 대처하기에 유리한 전략이다. 암수가 따로 없고, 자기복제를 통해 번식하는 경우 자손의 특질은 그 부모와 완전히 동일하다. 만약 환경이 급변하여 해당 특질이 불리해지면, 이런 식으로 번성한 종은 멸종에 매우 취약해진다. 유성생식의 경우 부모의 유전자가 절반씩 섞여 자손에게 전달된다. 자손은 부모를 닮긴 하지만, 그 복제는 아니다. 종 내의 다양성을 증가시키는 유성생식을 통해 환경 변화 속에서도 생존할 자손을 퍼뜨릴 수 있다.

우리는 결국 친척일까?

근친혼은 이러한 유전자 섞임의 정도를 감소시킨다. 내 유전자는 부모님의 유전자를 50퍼센트씩 받은 것이고, 더 올라가면 친가와 외가의 조부모님 4명으로부터 약 25퍼센트씩 받은 것들이다. 조부모들 간에 서로 차이가 큰 유전자를 가지고 있다면, 내 유전자의 다양성도 그만큼 증가한다. 하지만 조부모가 남매나 사촌지간이라면, 둘의 유전자가 비슷하기에 내 유전자의 다양성도 감소한다. 만약 그 유전자들 속 생존에 불리한 유전병 같은 결함이 있다면 상황은 더 심각해진다. 원래라면 세대를 거듭하며 희석되어야 했을 불리한 결함들이, 혈통 속에 그대로 보전된다.

유명한 사례가 중세 신성로마제국의 합스부르크 왕가에 있다. 그들의 초상화는 기형적 수준의 주걱턱으로 묘사된 경우가 많은데 이는 '하악전돌증mandibular prognathism'이라는 유전병의 결과이다. 왕가의 근친혼을 통해 유전적 결함들이 중첩되어 후기 자손들은 심각한 질병들에 시달렸다. 물론 근친혼이 병을 '새롭게' 만들어내는 것은 아니다. 이미 존재하는 여러 유전적 결함이 일반적 유성생식처럼 희석되지 않고 계속 남아서 누적될 뿐이다. 하지만 이는 분명 종의 생존에 불리한 상황이고, 문화적으로도 기피되는 경우일 것이다. 하지만 이러한 생물학적 불리함에도, 역사 속 세계 인구의 수와 수학적인 계산은 가까운 혼인이 끊임없이 발생했음을 보여준다.

수학적인 모델에 따르면 전 세계의 인류는 약 50촌 사이다. 인구지리학 및 유전학적으로 계산해보면 이 수치는 더 감소한다. 위의 50촌이라는 숫자는 지구상의 인류가 비교적 무작위적으로 혼인했다는 가정 아래 나온 수치이다. 현실은 그렇지 않다. 교통이 발달하지 못했던 과거에는 먼 거리의 사람과 혼인하는 경우가 드물었다. 즉 더 가까운 혼인을 했을 가능성이 높다. 이런 지리적 한계를 고려하면 한 국가의 구성원들은 일종의 친척들이다. 현재 한 국가의 구성원들은—국가별 편차가 크긴 하지만—약 20~30세대를 거슬러 올라가면 매우 높은 확률로 가계도에서 완전히 동일한 공통의 조상 집단이 나타나야 한다. 또한 유전자 추적 기술을 통한 연구 결과들은 이런 지리적 특성에 따른 유전자 공유와 근친혼 발생을 증명하고 있다.

정신없이 자료 조사를 하던 중 특이한 점을 발견했다. 한국어 자료를 찾기가 힘들다는 점이다. 근친혼 자체에 대한 한국어 자료들은 꽤 많았지만 이것을 인구학적으로 분석하여 공통된 조상의 수를 계산하는 자료는 거의 없었다. 족보의 진실을 파헤치려는 시도를 불순한 것으로 받아들이기 때문일까? 우리는 족보가 꼬이는 것을 싫어하는 경향이 있다. 하지만 가계도에서 10세대 이내에 근친혼 사례가 발견되지 않는다면, 이는 거짓된 족보일 가능성이 높다. 이것이 진실이다.

12. 역사에 이름을 남기는 방법

"전자electron를 처음으로 발견한 사람이 누구죠?"

대학원생 시절 지도교수님께서 자주 물으시던 질문이다. 한국 물리학계의 대가가 정말 몰라서 물어보는 것은 아닐 것이다. 그럼에도 일단 대답은 해야 한다.

"J. J. 톰슨 아닌가요?"

톰슨이란 성씨를 가진 물리학자는 꽤 많기에 조지프 존 Joseph John(J. J.)이라는 온전한 이름으로 대답하곤 했다. 따로 과학사를 공부한 적은 없지만, 대부분의 물리학과 학생이라면 교과서에도 등장하는 그의 이름을 알고 있을 것이다. 따라서 교수님의 질문에는 뭔가 다른 꿍꿍이가 있다.

"대부분 그렇게 알고 있죠. 그런데 당시 비슷한 실험으로 전자를 발견한 과학자들이 더 있었어요. 하지만 그들의 이름을 아는 사람은 아무도 없어요. 왜일까요?"

그리고 대화가 이어진다. 믿거나 말거나, 당대 과학자 중 5명 정도가 전자의 존재를 이미 알고 있었다고 한다. 하지만 역사에 그들의 이름은 기록되지 않았다(그러니 믿거나 말거나다). 교수님의 말씀에 따르면, J. J. 톰슨의 이름만 알려진 것은 그가 온전한 논문의 형태로 연구를 가장 먼저 발표했기 때문이다. 아무리 중요한 발견을 해도 논문을 쓰지 않으면 인정받지 못한다는 사실을 학생들에게 말해주고 싶으셨던 것 같다. 즉 질문의 의도는 '빨리 논문을 써라'라는 훈계에 가까웠던 것이다. 이름을 남기고 싶다면, 훌륭한 업적을 성취하는 것으론 부족하다. 그 업적을 내가 먼저 이루었다고 '침을 발라놔야' 한다. 학계라면, 그 침은 논문이다.

유명해서 유명한 유명인

시간이 흘러 학계를 떠나 산업계에 종사하게 되었지만, 여기에서도 이러한 전략은 여전히 유효해 보였다. 회사의 임원분들에게는 하나의 공통된 습관이 있었다. 세미나나 회의 중 과거의 중요한 성취와 비슷한 무언가가 등장하면, 뒤에서 가만 듣고 있던 분 중 몇 분이 가끔 뜬금없는 첨언을 한다. 이런 식이다.

"제가 어느 팀에 있던 시절 했던 일과 비슷한 프로젝트

네요." 혹은 "예전에 제가 어느 팀과 협업할 때 비슷한 일을 도와준 적이 있어요."

임원으로 승진하면 받는 교육에서는 '뭐든지 다 내가 했다고 하세요'라고 가르치는 걸까? 혹은 반대로 평사원 시절부터 '침 바르기'를 잘하는 사람이 임원이 되는 것일 수도 있다. 둘 중 무엇이 사실이든, 사내에서 이름을 날리려면 일단 회사에 존재하는 업적들과 본인 사이에 아주 조그마한 연결고리라도 찾아내야 한다. 그렇지 못하면 후배 직원들의 발표자료에서 본인의 이름을 찾기 어려울 것이다.

'침 바르기' 말고 이름을 남기는 좋은 방법이 또 있을까? 물론 누구나 인정하는, 그리고 내가 했다고 인정받는 업적을 세우는 방식이 건전해 보인다. 아니면 역사에 기록될 큰 사고나 악행을 저지르는 방법도 있다. 시쳇말로 '관종(다른 사람의 관심에 집착하는 사람)' 짓을 할 수도 있을 것이다. SNS와 1인 방송, 일반인 섭외 예능 프로그램들이 범람하는 시대에 이는 꽤 접근성이 좋은 방법이 되었다. 하지만 이런 방법들은 너무 뻔하다. 다른 사례는 없을까?

최근에 대학원 동기 친구와 통화를 했다. 친구는 박사 졸업 후 나와 비슷한 시기에 미국에 연구원으로 나갔지만, 한국으로 돌아온 나와 다르게 아직 미국 학계에 남아 있다. '대머리의 수학적 정의'에 나오는 그 친구이다(다행히 대머리는 아니다). 요새 뭐 하고 지내냐는 물음에 나는 글을 쓰고 있다고 답했다. 친구는 가장 먼저 쓴 글이 자신과 대화했던 에피소드란 점에 만족해하는 것 같았다. 긍정적인 반응에 자신감을 얻은 나는 지금 쓰고 있는 글에 대한 고민을 털어놓았다.

"지도교수님이 맨날 하시던 J. J. 톰슨 얘기 기억나? 그걸 가지고 글을 써보면 재밌겠다 싶었는데, 막상 쓰다 보니 아이디어가 안 떠올라서 일단 묵혀뒀어."

그러자 친구는 대머리 논의에 이어 이번에도 훌륭한 생각거리를 던져줬다. 요새도 밤샘 실험을 자주 하는 것이 분명했다. 그렇지 않고서야 이렇게 바로 논의의 정곡을 찌를 수 없다.

"너 패리스 힐턴Paris Hilton이 왜 유명한 줄 알아?"

생각보다 까다로운 질문이었다. "마이클 조던이 왜 유명한 줄 알아?" 혹은 "아널드 슈워제네거가 왜 유명한 줄 알아?"와 같은 질문은 명확히 답을 할 수 있다. 사람마다 대답은 조금씩 다를 수 있어도 그 유명인이 성취한 것이 무엇인지, 또는 대표적인 이미지가 무엇인지 분명하기 때문이다. 하지만 패리스 힐턴은 뭔가 애매했다. 힐턴 호텔을 소유한 힐턴가의 상속녀이기 때문일까? 그렇다기에 나는 빌 게이츠나 스티브 잡스의 자녀가 누군지 모른다. 외모가 출중해서일까? 유명세에 영향이 없진 않았겠지만, 세상에는 출중한 외모를 가지고도 그녀만큼 유명해지지 못한 사람들이 넘쳐난다. 가십거리가 될 만한 기행이 많았던 것 같긴 하지만, 동시대의 브리트니 스피어스, 린제이 로한과는 사뭇 결이 다르다. 최소한 그들은 자신의 분야에서 높은 성취를 보여주면서 가십거리들을 생산했다. 우물쭈물 대답을 못 하고 있는 나에게 친구는 그 원인을 공부해보라고 권했다. 통화를 마친 나는 곧장 인터넷을 켜고 패리스 힐턴의 삶을 분석하기 시작했다.

예상대로 그녀가 유명한 이유는 한마디로 정의하기 어려웠다. 업적, 기술, 재능에 기반한 명성도 있었지만, 각각의 요소들이 세계 최고 수준으로 보이진 않았다. 그러던 중 나의 눈길을 끈 것은 'famous for being famous(유명한 것으로 유명한)'란 묘사였다. 동어반복 혹은 유명세에 대한 비하의 느낌을 풍기는 이 용어는 해외의 여러 분석 글에서 반복적으로 등장했다. 패리스 힐턴 등장 전부터 통용된 것으로 보였다. 개념의 첫 등장은 1962년 미국의 사회학자인 대니얼 부어스틴Daniel Boorstin이 변화된 미디어에 대해 논의하는 글이었다. 기존의 텍스트 기반 저널리즘을 넘어서 시각적 미디어가 퍼지기 시작한 시대가 '명성'과 '위대함'의 개념을 분리했다는 분석이었다.

과거의 인쇄매체에서는 개인의 위대함이 텍스트로 서술되고 널리 읽혀야 명성이 퍼져나갔다. 하지만 시각 매체 시대에는 위대한 요소 없이도 반복적인 시각적 이미지 노출을 통해 마치 그 사람을 '잘 알고 있는 것처럼' 착각하게 된다는 논의다. 1967년, 영국의 언론인인 맬컴 머거리지Malcolm

Muggeridge는 저서(1967)에서 이 개념을 명료하게 설명했다.

> 과거에 누군가가 유명하거나 악명을 떨쳤다면 그것은 재능이나 명예, 혐오스러움 때문이었다. 오늘날 사람들은 유명한 것으로 유명하다. 거리나 공공장소에서 유명인에게 다가가 인정을 요구하는 사람들은 거의 항상 "텔레비전에서 봤어요!"라고 말한다.

2001년 미국의 평론가인 닐 게이블러Neal Gabler는 이 미디어적 유명세의 개념을 조금 더 발전시켜 유명인을 '인간 오락human entertainment'으로 정의했다. 이는 삶의 과정 자체를 통해 대중에게 오락을 제공하는 사람을 의미한다.

그리고 패리스 힐턴이 등장했다. 그녀는 19세 때부터 에이전시와 계약을 맺고 모델 활동을 했다. 2003년 불미스러운 사생활 유출 사건이 있었지만, 오히려 텔레비전 리얼리티 쇼에 출연하며 인지도를 더 끌어올렸다. 이때부터 그녀의 행동은 하나하나 미디어에 노출되기 시작했다. 그녀의 사생활은 상류층을 욕하면서도 엿보게 하는 재미를 주었다. 여기에 돈 냄새를 맡은 미디어가 끼어들어 뉴스를 위한 뉴스, 가십을 위한 가십을 생산했다. 그리고 대중은 이것을 소비했다.

그녀의 삶을 엿보고자 하는 사람이 왜 그렇게 많았을까? 그녀가 유명한 사람이기 때문이다. 그녀는 왜 유명할까?

그녀의 삶을 엿보고자 하는 사람이 많기 때문이다. 유명한 것으로 유명한 사람, '셀럽' 개념의 확장이다. 중요한 것은 이 순환논증의 고리에 올라타는 것이다. 대중이 특정인의 미디어 노출을 원해야 한다. 그리고 그 욕망의 이유가 특정인이 유명인이기 때문이어야 한다. 미디어는 이 욕망을 충족시키기 위해 더 많은 노출을 유도하고, 이는 그 사람을 대중에게 유명인으로 각인시킨다. 그리고 계속해서 반복된다. 처음 고리에 탑승하는 것은 그 사람의 운일 수도 있고 역량일 수도 있다. 패리스 힐턴 이후로 이 원리를 깨달은 수많은 셀럽이 등장했다. 유명인, 미디어, 대중이 만들어나가는 삼각 공생관계의 보편화다.

구원자이자 학살자인 사람

그렇다면 패리스 힐턴의 대척점에 있는 사례는 없을까? 인류에 엄청난 영향력을 행사하고도 미디어 노출이 적어 유명하지 않은 사람이 있다면, 이는 지금까지의 논증을 뒷받침하는 좋은 사례가 될 것이다. 곧바로 한 인물이 떠올랐다.

독일의 화학자인 프리츠 하버Fritz Haber다. 사실 과학계에서는 꽤 알려진 이름이지만, 일반적으로 유명한 인물은 아니다. 과학자 중 자주 언급되는 아이작 뉴턴Isaac Newton, 아인슈타인에 비하면 생소한 이름일 것이다. 하지만 그가 인류에 미친 영향력은 역사상 그 어떤 과학자와 비교해도 뒤지지 않는다. 그는 60억 명 이상의 인류를 살렸으며, 동시에 수백만 명을 학살한 과학자이기 때문이다.

1900년대 초, 전 세계 인구는 20억 명이 채 되지 않았다. 당시 농업 생산량으로 부양 가능한 인구의 최대치였다. 식물이 자라려면 토양에 고체 형태의 질소가 존재해야 한다. 질소는 일반적으로 공기 중에 기체의 형태로 존재하며, 다른 물질과 쉽사리 반응하지 않는다. 식품의 변질을 막기 위해 포장지에 질소를 채우는 이유이다(혹은 과자의 양을 속이기 위함이다). 이런 질소가 자연적으로 반응하여 토양에 흡수되는 일은 매우 드물다. 한 곳에서 반복적으로 식물을 재배했을 때, 토양의 질소가 고갈된 땅은 더 이상 식물을 재배하기 어려워진다. 흔히 말하는 '지력이 쇠했다'는 표현은 토양 내 질소 화합물의 고갈을 뜻한다.

지구상의 경작 가능한 땅을 전부 다 식량을 생산하는 데 쓰더라도, 질소의 인위적 보충 없이 20억 명 이상의 인구를 부양하는 것은 산술적으로 불가능하다. 많은 화학자가 이 문제를 해결하기 위해 달려들었지만, 그 누구도 공기 중의 질소를 고체 화합물의 형태로 전환하지 못했다. 그리고 1909년, 이 문제를 해결한 과학자가 하버였다. 지금까지도 비료는 하버가 개발한 질소 고정 방식을 사용하여 제조된다. 공기로 빵을 만들어낸 것이다. 이 발견이 없었다면, 지구 인구는 20억 명 수준에서 증가하지 못했을 것이다. 그마저도 기근으로 인한 분쟁과 고통 속에 살아갔을 것이다. 즉 패리스 힐턴도 그가 없었다면 존재하지 못했을 수 있다. 그럼에도 그를 구세주로 여기는 사람은 별로 없다. 원인은 그의 애국심이었다.

과학자는 평시에는 세계에 속하지만 전시에는 국가에 속한다.

그는 애국심이 매우 투철한 과학자였는데, 문제가 있었다면 그것이 향한 곳이 1900년대 초의 독일이었다는 점이다. 제1차 세계대전 당시 사용된 폭약, 독가스가 그의 손에서 발명되었다. 1918년 그는 질소 고정법을 발견한 공로로 노벨 화학상을 받았지만, 아무도 그를 축하해주지 않았다. 그리고 1934년 쓸쓸하게 생을 마감했다. 심지어 그가 살충제의 목적으로 개발한 치클론-B 라는 화합물은 그의 사후 개량되어 나치의 유대인 대학살에 사용되었다(아이러니하게도 하버 본인 역시 유대인이었다). 그는 결과적으로 수백만 명을 학살한 과학자가 되었다.

나는 프리츠 하버의 양면성이 미국의 물리학자인 로버트 오펜하이머Robert Oppenheimer의 그것과 비슷하다고 본다. 오펜하이머는 제2차 세계대전 중 연합군의 원자폭탄 개발 계획인 '맨해튼 프로젝트'의 총책임자였다. 그 역시 애국심이 엄청났고, 해당 기술의 위험성을 알고 있음에도 열정적으로 프로젝트를 지휘했다. 결과적으로 제2차 세계대전의 종식을 가져오긴 했지만, 그 과정에서 수십만 명이 그가 개발한 핵무기에 목숨을 잃었다.

흥미로운 것은 유명세의 관점에서 하버와 오펜하이머의 차이가 단순히 패전국/승전국의 과학자라는 점을 넘어선다는 것이다. 하버의 이름은 패전국의 부역자라는 꼬리표를 감안하더라도 놀랍도록 알려지지 않았다. 엄청난 규모의 업적과 악행이 있더라도, 그것이 유명세의 순환 고리에 올라타지 못하면 쓸쓸한 노년을 보내게 된다. 유명도 악명도 남지 않는다. 반면 오펜하이머는 종전 후 냉전 시대의 더 강력한 무기 개발 계획에 반대했는데 그것이 그를 공산주의자로 의심하던 미국 정부를 자극했다. 그리고 그 과정에서 수많은 청문회에 불려다니며 미디어에 노출되었다. 의도치 않게 유명세의 순환 고리에 올라탄 것이다.

대중은 미디어에 자주 노출된 사람을 '유명인'으로 여기는 경향이 있다. 그리고 유명인의 삶은 호기심을 불러일으킨다. 미디어는 대중의 이런 욕구를 충족시켜 준다. 영화 〈오펜하이머Oppenheimer〉(2023)는 개봉 후 극장가를 휩쓸었지만, '프리츠 하버'라는 영화는 앞으로도 제작되기 힘들 것이다.

13. 인공지능은 역사학자의 꿈을 꾸는가?

서기 79년, 로마 제국의 베수비오 화산이 폭발했다. 폭발은 찬란했던 고대 도시 폼페이를 18시간 만에 잿더미로 만들 정도로 강력했다. 근처 도시였던 헤르쿨라네움 역시 화산재에 파묻혀, 시간이 멈춘 채로 멸망했다. 1700여 년 뒤, 헤르쿨라네움에서 800여 개의 파피루스 두루마리가 발견되었다. 두루마리는 화산재에 덮여 굳은 상태로 보존되어 있었지만, 그 안의 내용을 읽어볼 수는 없었다. 말이 두루마리였지, 사실상 숯덩이에 가까운 물체였다. 숯덩이를 펼치려는 시도는 고온의 화산재로 가열된 연약한 파피루스 조각을 부스러트릴 뿐이었다. 당시의 역사학자들은 후대에 더 정교한 기술이 등장하기를 기대하며 문서를 더 이상 펼치지 않고 보존했다.

베수비오 챌린지와 AI의 도전

2000년대에 접어들며, 엑스선을 이용한 컴퓨터단층촬영CT 기술이 크게 발전했다. 하지만 엑스선으로 투시를 해 보아도, 오랜 세월이 지나 빛바랜 문서를 읽을 만큼 선명한 이미지를 얻는 것은 힘들었다. 이 고대 문서를 해독하기 위해 기업가와 과학자 들이 역사학자를 돕기 시작했다. 많은 자본이 투입된 이 도전은 '베수비오 챌린지'로 불리며 역사학자들의 꿈이 되었다.

엑스선은 파장이 짧은 빛으로 물체를 투과하는 성질을 가지고 있다. 빛은 파장이 짧을수록 더 선명하게 물체의 이미지를 보여준다. 빛의 파장은 그 빛이 지닌 에너지가 클수록 짧아지기에, 더 선명한 파피루스 이미지를 얻으려면 더 강력한 엑스선이 필요했다. 이런 고에너지 엑스선은 '방사광 가속기'라고 불리는 축구장만 한 시설에서 생성할 수 있다. '베수비오 챌린지'에 참여한 과학자들은 유럽 최고의 성능을 자랑하던 영국의 다이아몬드 방사광 가속기Diamond Light Source에 파피루스 두루마리를 가져가 CT 촬영을 시작했다. 그 결과 두루마리 내부의 삼차원 고해상도 이미지를 얻을 수 있었다. 다만 여전히 몇 가지 문제가 있었다. 얻은 이미지에서 문자를 나타내는 잉크와 종이를 구분하는 일이었다. 설령 잉크와 종이 부분을 잘 구분하더라도, 세월이 지나 손상돼버린 문자가 원래 무엇이었을지 추측하는 것도 여전히 난제였다. 과학자들은 2023년부터 급격히 발전한 인공지능(AI) 기술을 활용해 이 문제를 해결하고자 했다.

AI의 도입은 베수비오 챌린지에 활력을 불어넣었다. AI는 잉크 얼룩의 흔적을 감지하여 개별 얼룩을 하나의 패턴으로 재구성하기 시작했다. 더 나아가 고대 그리스어를 학습한 AI는 이 패턴이 어떤 단어였을지를 높은 확률로 유추해냈다. 보라색을 의미하는 고대 그리스어 단어인 'ΠΟΡΦΥΡΑ'를 시작으로 몇몇 단어들을 식별해내기 시작하자, 문서 해독에 속도가 붙었다. 그리고 2024년, 학자들은 이 두루마리 속에서 처음으로 온전한 하나의 글을 해독하는 데 성공했다. 글의 내용은 고대 그리스의 '쾌락주의 학파'로 알려진 에피쿠로스 철학에 관한 내용이었다. 해독된 분량이 아직 전체 두루마리의 일부에 불과하다는 점을 고려하면, 전체 글의 해독은 고대 그리스 철학 연구에 중요한 이정표가 될 것이다.

베수비오 챌린지의 성취에서 보았듯, 문서 스캔 기술과 AI 분석 기술의 발전은 역사 연구에 큰 변곡점임이 분명해 보인다. 지금껏 난제였던 수많은 고고학적 단서가 빠른 속도로 해독되고 있다. 고대 그리스 크레타 문명의 석판에 새겨져 있던 문자들이 해독되고, 메소포타미아의 점토판, 이집트 상형문자 벽화의 유실된 부분에 새겨진 이야기들이 본 모습을 드러내고 있다.

한국은 어떨까? 우리나라에는 약 5000만 자로 쓰인《조선왕조실록》이나 2억 4000만 자의《승정원일기》같은 압도적 분량의 기록 유산이 존재한다. 지금까지는 완전한 해독과 전산화가 어려운 분야였다. 특히《승정원일기》의 경우 전문 번역가가 몇십 년간 작업을 해왔지만, 그 엄청난 분량 때문에 완역에 어려움을 겪고 있었다. 시대의 흐름에 맞춰, 한국고전번역원 역시 최근에는 AI를 도입하여 그 해석을 시도하고 있다. 이렇듯 AI는 희미한 안개 속에 숨어 있던 역사적 사실을 선명하게 드러내는 역할을 수행하게 되었다.

분명 과거의 사실들은 기술의 발전과 함께 더욱 정확해지고 있는 것 같다. 그런데 앞으로도 그럴까? 현재의 기록은 먼 미래에 과거의 희미한 단서로 변할 것이다. 그리고 미래의 인류는 과거의 사실을 선명하게 되찾기 위해 우리 시대의 자료를 들여다볼 것이다. AI는 먼 미래에도 역사학자의 꿈을 꿀 수 있을까?

인간보다 더 인간 같은 AI

필립 K. 딕의 소설《안드로이드는 전기 양의 꿈을 꾸는가?Do Androids Dream of Electric Sheep?》(1968)는 SF 문학의 기념비적 작품이다. 소설의 설정을 바탕으로 한 영화〈블레이드

러너Blade Runner〉(1982), 〈블레이드 러너 2049Blade Runner 2049〉(2017) 역시 명작으로 꼽히곤 한다. 소설과 영화의 내용은 서로 차이가 있지만, 둘 다 인간과 닮은 인조인간(안드로이드, 레플리칸트)이 존재하는 미래를 그린다. 주인공 릭 데커드는 식민지에서 지구로 도망쳐 온 불법 인조인간을 잡아들이는 현상금 사냥꾼이다. 인조인간은 겉보기에는 인간과 완전히 동일하며, 감정적 반응이나 어린 시절의 기억 같은 사소한 차이만 있을 뿐이다. 데커드는 인조인간을 잡아들이기 위해 이처럼 미묘한 차이들을 구분해내야 한다.

소설과 영화는 끊임없이 '인간을 정의하는 것은 무엇인가?', '인간성이란 무엇인가?'에 관한 질문을 던진다. 인간과 똑같이 느끼고 사고하며 행동하는 인조인간이 진짜 인간과 다른 점이 무엇인지 묻는 것이다. 더 나아가 인간보다도 더 '인간적'으로 보이는 인조인간들의 행태를 통해 데커드는 본인이 진정한 인간인지도 고뇌한다. 우리는 AI가 계속 발전하는 세계에 살고 있다. 미래에 인간보다 더 인간 같은 AI가 존재한다면, 그리고 그것을 구분해내야 하는 상황이 온다면 이는 어떠한 혼란을 불러올까?

나는 미래학자가 아니기에, 사람과 같은 인조인간이 어떤 인류학적 혼란을 가져올지 예측하기가 조심스럽다. 하지만 현재의 AI가 생산해내는 수많은 글, 그림, 음악, 영상 등을 보고 있자면, 미래의 역사학자들이 얼마나 혼란스러울지 상상해볼 수 있다. 몇 년 전만 해도 AI는 '생산자'의 역할보다는 '분류가' 혹은 '분석가'의 역할을 수행했다. 과거의 AI는 주어진 사진이 고양이인지 사자인지 구분하거나, 음악을 들려주면 제목과 작곡가를 맞추는 업무를 맡았다. 패턴을 학습하고 새로운 정보를 학습에 맞춰 인지하며, 이를 분석하는 데 초점을 두었다.

지금은 다르다. 이제 AI는 학습된 정보를 바탕으로 새로운 패턴을 만들어내기 시작했다. 거대언어모델Large Language Model(LLM) 기반의 '생성형 AI'를 통해 기존의 정보를 단순히 인식하고 요약하는 것을 넘어서, 그것을 바탕으로 한 글과 그림, 영상을 쏟아내고 있다. 기존의 정보란 이 세상에 존재했고 존재하는 수많은 인류의 생산물을 의미한다. 그렇기에 AI가 잘하는 것 중 하나는 인간의 작품을 모방하고 재창조하는 것이다. 그리고 그 생성물은 점점 이것이 인간의 창조물인지, AI의 것인지 구분하기 힘든 수준이 되었다. 미래의 역사학자들은 과거의 사료들이 실제 인간 활동의 산물인지, AI가 창조한—혹은 조작한—것인지까지 구분해야 한다.

'믿을 수 있는 역사'는 누가 보증하는가?

기록 매체의 발전과 함께 '더 믿을 만한' 형태의 기록이 무엇인지는 시대에 따라 변화했다. 과거에는 구전으로 전해 내려오는 전승보다 글의 형태로 문서화된 자료들을 믿었다. 세대를 거치며 왜곡될 수 있는 설화보다는 변조의 여지가 훨씬 적은 문서 기록이 더 신빙성 있다고 여겨졌기 때문이다. 미국의 16대 대통령, 에이브러햄 링컨의 '게티즈버그 연설'(1863)은 기록된 글의 형태로 후세에 전해진다. 만약 문자가 발명되지 않아 링컨의 연설을 직접 들은 사람을 통해서만 내용이 전달됐다면 수 세기가 흐르면서 그 정확도는 계속해서 떨어졌을 것이다.

영상매체가 등장한 이후 기록 매체의 신뢰도는 더 높아졌다. '유명 인사가 어떤 말을 했다'는 글은 누구나 쉽게 조작하여 퍼뜨릴 수 있지만, 그 발언이 영상으로 담겨 있다면 더 믿을 만할 것이다. 영상 역시 조작할 수 있지만, 그 난이도는 구전이나 글에 비해 높기 때문이다. 인권운동가 마틴 루서 킹의 '나에게는 꿈이 있습니다'(1963) 연설을 촬영한 영상이 순 거짓이라고 주장하는 사람은 드물다.

하지만 지금은 어떤가? 미국 대통령 도널드 트럼프와 기업가 일론 머스크가 어눌한 한국어로 도지코인에 투자하라고 하는 영상이 인터넷에 돌아다니는 시대이다. AI를 이용해 생성한 딥페이크Deepfake 영상들이 난무한다. 미래의 역사학자들은 도널드 트럼프가 영어뿐 아니라 한국어에도 능통했는지 고민해야 할 수도 있다.

사실 이 문제는 미래의 역사학자뿐 아니라 현세대에도 혼란을 초래할 수 있는 문제이기에, 다양한 관련 대책이 논의되고 있다. SNS 기업들은 사람이 아닌 AI가 운영하는 계정들을 스스로 검열하고 있으며, 사용자들이 올리는 이미지나 영상이 AI가 생성한 것인지 표시하는 인증 마크를 도입하고 있다. 이는 분명 도움이 될 것이다. 하지만 모든 기록물에 이를 도입하는 것은 현실적으로 불가능하다. 애초에 불순한 목적을 가지고 여론을 조작하려는 사람들이 정직하게 '이것은 AI가 생성한 영상입니다'라고 표기할 리가 없다.

물론 더 신뢰성 있는 기록 매체가 등장할 수도 있다. 문자가 구전을 대신하고, 영상이 문자를 대신했던 것처럼. 블록체인 기술과 결부된 공적 기록물 관리 체계는 어떨까? 한때 시장을 선도할 것처럼 등장했지만, 요샌 시들해진 것 같은 대체불가능토큰Non-Fungible Token(NFT) 미술을 떠올려보면 된다. 블록체인 기술은 일종의 '장부'와 같다. 생성자와 거래자들 간에 주고받은 내역이 전부 기록되는 장부이다. 고전적인 장부와 차이점이 있다면, 이 데이터들이 블록의 형태로 나뉘어 연결된 채로 모든 사용자에게 퍼져 있다는 점이다. 거래 내역 하나를 조작하려면, 하나의 중앙 데이터를 조작해도 소용없다. 체인으로 연결된 수많은 사용자의 모든 블록을 조작해야 한다. 즉 조작 가능성이 매우 낮은 데이터 저장 및 공유 방식이다.

NFT 예술 작품은 이 점을 이용한다. 대부분의 디지털 예술품은 간단하게 복제가 가능하기에 '내가 원본을 가지고 있다'라는 희소성이 부족하다. 하지만 블록체인과 결부시켜 조작이 불가능한, 그리고 원본의 복제 기록이 항상 남아 있는 NFT 예술은 디지털 작품의 희소성을 유지해주는 기술이다.

공적인 역사 기록물 역시 마찬가지로 생각해볼 수 있다. 실제 사람으로 증명된 그리고 공신력 있는 사용자에게만 NFT 기록물을 생성할 권한을 주는 것이다. 설령 불순한 의도를 가진 사람이 AI 생성물을 이용해 역사에 혼란을 주려 해도, 블록체인 마크가 붙어 있지 않은 저작물은 공적인 신뢰도가 없는 것으로 여겨질 것이다. 다만 여전히 문제가 있다. 블록체인 기술은 규모가 커질수록 엄청난 계산량과 처리 시간이 필요하다. 저장된 내역에 변경 사항이 있을 때마다 수많은 사용자의 블록이 유효한지 검토하고 업데이트해야 하기 때문이다. 인터넷에는 1분마다 수백에서 수천 시간의 영상이 올라온다. 이런 수많은 기록물에 달린 블록체인 마크가 실제로 유효한지 검사하는 것은 현재 기술 수준으로는 힘들어 보인다. 게다가 NFT를 발행할 수 있는 '공신력 있는 사용자'는 누가 어떻게 정할 것인가?

이쯤 되면 차라리 AI 생성물을 잡아내는 현상금 사냥꾼이 필요할 수 있다. 인간과 인조인간의 미묘한 차이를 구분하여 제거하는 SF 소설 속 릭 데커드처럼, 실제 역사 기록물과 AI가 생성한 가상의 기록을 구분하는 역할의 등장이다. 그리고 역설적이게도 이 일은 사람보다 AI가 더 잘하는 분야이다. AI의 패턴 학습 및 분석 능력은 이미 인간을 초월했다. 그렇기에 미래 역사학자 버전의 데커드는 아마 AI일 것이다. 나는 단지 직접 공들여 쓴 글들이 역사학자 데커드에게 AI 생성물로 오인되어 제거되지 않기를 바랄 뿐이다

3부

과학자가 멸망에 대처하는 방법

14. 과학자를 화나게 하는 방법

나를 화나게 하기는 매우 쉽다. 비과학적인 헛소리를 하면 된다. 지구가 평평하다느니 음이온이 몸에 좋다느니 하는 것들 말이다. 하지만 솔직히 그렇게까지 화가 나진 않는다. 과학자로서 체면을 세우기 위해 화가 난 척을 했을 뿐, 이런 부류의 헛소리는 의외로 흥미롭다. 대부분의 음모론이나 도시 전설 들은 나름의 논리 체계를 갖추고 있기 마련이다. 당장 인터넷에 검색해봐도 지구가 평평하다고 믿는 사람들이 '나름 과학적으로' 제시한 증거들이 넘쳐난다. 그리고 각 논리 단계의 증거나 논리 전개의 허점을 과학적으로 반박하는 것은 재미있기도 하다. 아마 나보다 인격이 더 훌륭한 과학자들에게 이 정도 헛소리를 들려준다 한들, 돌아오는 것은 인자한(그리고 지루한) 과학적 설명일 것이다. 그렇다면 이런 인자한 과학자들도 화나게 하는 방법이 있을까?

말로만 떠든다고 과학이 되나?

개인적으로는 수학적 엄밀성은 내다버린 채 과학 이론에서 언어적 서술만 가지고 와서 다른 개념에 엮는 행위를 보면 화가 난다. 나는 유튜브를 즐겨보는 편인데, 가끔 추천 동영상에 다음과 같은 영상들이 뜨면 화를 참지 못하고 신고 버튼을 누른다. '불교철학과 양자역학의 놀라운 공통점' 같은 동영상들 말이다. 왜 추천 동영상에 이런 것이 나오는지는 모르겠다(사실 알지만, 평범한 척하고 싶다). 신고 사유는 항상 동일하다. '혼동을 야기하는 콘텐츠.' 제목만 보고 신고하는 것은 아니다. 하지만 영상을 재생해보면 그 패턴이 매번 비슷하다.

영상들은 우선 양자역학의 '신기한 현상'들을 소개한다. 주로 관측하기 전에는 입자의 속성이 정의되지 않고, 관측해야만 그 상태가 결정된다는 내용이다. 또한 서로 상태가 얽혀 있는 입자들이 있을 때, 관측을 통해 한 입자의 상태가 결정되면 다른 입자의 상태가 결정되는 '양자 얽힘'에 대해 소개하기도 한다. 그러고 나서 불교철학의 주요 사상을 설파한다. 모든 것에는 실체가 없고 변하고 사라진다(공 사상). 세상에는 미리 정해진 법도가 없으며 조건과 인연에 따라 모든 것이 변한다(연기설). 그리고 '놀라운 공통점'을 소개한다. 양자역학에서 관측 결과를 해석하는 방식과 입자들의 속성이 불교의 공 사상 및 연기설에 맞닿아 있다는 내용이다.

나는 이러한 서술들이 온전히 틀렸다고 생각하지는 않는다. 실제로 꽤 많은 물리학자들이 그 철학적 유사성을 어느 정도 인정하기도 한다. 다만 화가 나는 부분은 양자역학에서 이러한 해석이 어떠한 과학적·수학적 배경을 가지고 있는지는 쏙 빼놓고, 언어적인 유사성으로만 그것을 다루는 경우가 많다는 점이다. 이렇게만 양자역학을 설명하면, 양자역학이 정해진 건 하나도 없고, 코에 걸면 코걸이 귀에 걸면 귀걸이 같은 입장을 대변하는 것이라 오해하기 쉽다. 관측 전에 입자의 상태가 결정되지 않은 것은 사실이지만, 특정 상태에 있을 확률은 수학적으로 분명 계산 가능하다. 그리고 이런 확률적인 입자들의 거동이 모인 시스템의 움직임도 통계적으로 설명할 수 있다. 이것을 온전히 이해하려면, 대학 전공 수준의 편미분방정식과 경로적분에 대한 내용을 알아야 하는데, 나는 이러한 부분을 소개하는 양자-불교 영상은 본 적이 없다.

물론 대중을 대상으로 한 영상에서 수학적인 디테일을 모두 다룰 수는 없을 테니, 이런 점만으로 화를 내는 것은 억지이다. 과학 유튜브나 대중 교양서를 보면 꼭 양자-불교 사례가 아니더라도 이런 경우를 심심치 않게 볼 수 있다. 어려운 개념을 쉽게 설명하기 위해 여러 일상적 비유를 들다 보면 필연적으로 엄밀하지 못한 부분이 생길 것이다. 대중 과학 강연에서 엄밀하게만 설명하는 것은 애초에 불가능하기도 하고 과학의 대중화에도 별로 도움이 되지 않는다. 다만 과학의 언어는 본질적으로는 수학이다. 수학적 디테일을 소개할 수는 없더라도, 단순히 일상언어를 사용한 문장의 집합 같은 뉘앙스를 보여줘선 안 된다. 철학자 루트비히 비트겐슈타인Ludwig Wittgenstein은 '언어의 한계가 곧 세계의 한계'라고 주장했다. 수학이 빠진 일상언어로만 된 과학은 유사과학적 한계를 가질 수밖에 없다.

미국의 물리학자 앨런 소칼은 엄밀한 근거 없이 동떨어진 맥락에서 과학 전문용어를 남발하며 인문학적 주장을 해대는 학자들을 비판했다. 1996년, 그는 의도적으로 그럴듯해 보이지만 사실 순 엉터리인 논문을 포스트모던 인문 학술지에 투고했다. 논문의 제목은 〈경계를 넘어서: 양자 중력의 변형적 해석학을 향하여Transgressing the Boundaries: Toward a Transformative Hermeneutics of Quantum Gravity〉였다. 마치 요즘 양자-불교 유튜브 영상처럼, 과학 용어의 언어적 개념만 가지고 잘못된 맥락의 인문학적 접근을 시도한 논문이었다. 소칼은 학문적 엄정성을 잃은 학계라면, 논문의 내용이 아닌 '그럴듯해 보이는 정도'로 논문을 심사에 통과시킬 것이라 예상했다. 그리고 당시 인문 학술지의 엉성한 검증 시스템은 이것을 전혀 눈치채지 못했다. 결국 논문은 예상대로 등재에 성공했다. 그 결과 과학적으로는 말도 안 되는 내용이지만,

그럴듯한 언어만으로 많은 사람을 속일 수 있다는 것을 증명했다. 이것은 지금도 '소칼 사건' 혹은 '지적 사기'라고 회자된다. 그는 희대의 자작 사기극으로 인문학계에 큰 경각심을 일으켰다. 그리고 이런 과학의 개념을 어설프게 아무 분야에나 적용하는 현상을 '패션 과학'이라고 비판했다. 패션 과학은 지금도 맹위를 떨치고 있는 것 같다. 다시 유튜브를 켜보자. '우연은 없다! 양자역학의 동시성이 밝힌 운명의 비밀'이라니. 참으로 화가 난다. 신고 버튼을 눌러야겠다.

큰 수의 법칙과 초고수 추천방

패션 과학 얘기를 하다 보니 또 화가 나는 경우가 떠올랐다. '큰 수의 법칙law of large numbers'을 오남용하는 주장들이다. 큰 수의 법칙은 '표본의 수가 늘어날수록, 그 표본의 평균이 모집단의 평균에 가까워진다'는 자연과학 법칙이다. 통계적으로 측정된 확률은 그 시행 횟수가 늘어날수록 원래의 수학적 확률에 가까워진다고 생각해도 좋다.

동전을 던지는 상황을 상상해보자. 동전을 한 번 던지면 앞면 혹은 뒷면이 나온다. 만약 한 번 던져 앞면이 나왔다면, 통계적으로 100퍼센트 앞면이 나온 것이다. 10회 던져서 앞면이 6회 나왔다면 앞면이 나온 관찰에 따른 통계적 확률은

60퍼센트이다. 1000회 던졌다면 어떨까? 동전이 조작되지 않아 앞뒤가 나올 수학적 확률이 반반(50퍼센트)이라면, 아마 500회 정도 앞면이 나올 것이다. 물론 통계적으로 501회나 499회 앞면이 나올 수 있다. 하지만 시행의 수가 커질수록 그 통계적 확률은 원래의 수학적 확률인 50퍼센트에 가까워진다. 직관적이면서도 어떤 결과를 해석하는 데 효과적인 방법이다.

하지만 자연과학 법칙인 '큰 수의 법칙'을 일상언어로 해석하게 되면 오류에 빠지게 된다. '시행 횟수가 늘어날수록 원래의 수학적 확률에 가까워진다'라는 부분만 보고 동전 던지기 내기를 하게 되면 어떨까? 이전에 세 판 연속으로 앞면이 나왔다면, 다음번에는 뒷면이 나올 확률이 올라갈까? 그래야 50퍼센트 확률에 가까워지는 것 아닐까? 완전히 틀렸다. 이미 많은 사람이 잘 알고 있는 '도박사의 오류'다. 내가 많은 패배를 기록했다고 해서 다음 판에 승리할 확률이 올라가지는 않는다. 매 판 앞면과 뒷면이 나올 수학적 확률은 항상 50퍼센트이다. 큰 수의 법칙은 내가 통계적으로 수많은 시행을 반복했을 때, 가장 확률이 높은 경우에 따른 기댓값을 알려줄 뿐, 다음번 시도에서 무엇이 나올 확률을 알려주는 법칙이 아니다. 하지만 큰 수의 법칙을 이렇게 일상언어로만 해석하면 어리석은 판단을 할 수도 있다.

큰 수의 법칙과 비슷해 보이지만 의미는 다른 '매우 큰 수의 법칙law of truly large numbers'도 있다. '충분히 많은 수의 시행이 있으면 있을 법하지 않은 결과가 관찰될 가능성이 높아진다'는 수학적 서술이다. 이 법칙을 악용한 사기도 있다. 과거 이메일을 통해서 유행하던 사기인데, 요즘도 종종 스팸문자함을 보면 이 사기는 없어질 기미가 안 보인다.

AI를 활용한 주식 초고수 추천방.
오늘 상승할 종목은 A, B, 하락할 종목은 C.
더 많은 정보가 필요하면 다음의 링크에서 확인하세요.

미심쩍지만 누군가는 재미로라도 속는 셈 치고 주식을 사보는 사람이 있을 수 있다. 나처럼 의심이 많은 사람이라면 실제로 구매하지는 않고 추천해준 세 가지 종목의 다음날 등락을 관찰해볼 수도 있겠다. 그런데 다음날 실제로 A, B가 오르고 C가 떨어졌다는 사실을 알게 됐다면 어떨까? 혹시나 하는 마음에 링크를 타고 가보니 D, E, F 종목도 등락을 예측하고 있다. 만약 추가로 추천해준 종목의 등락까지 전부 맞힌다면 의심은 확신으로 변하기 시작한다. 어림잡아 한 종목이 오르거나 떨어질 확률이 각각 2분의 1이라 해도 여섯 종목의 등락을 모두 맞힐 확률은 64분의 1이다. 약 1.6퍼센트의 확률이다.

가입비를 내고 이 초고수 추천방에 가입해야 할까? 선

불리 돈을 지불하기 전에, 확인차 다른 종목도 추천해줄 수 있는지 물어볼 수도 있다. 그랬더니 네 가지 종목을 더 추천해준다. 그리고 다음날 더 놀라운 사실을 보게 된다. 새로 추천해준 네 가지 종목까지 총 10개 종목의 등락을 맞힌 것이다. 1024분의 1, 약 0.1퍼센트의 확률이다. 운이 좋다기엔 좀처럼 있을 법하지 않은 결과로 보인다. 정말 주식 초고수가 운영하는 업체일까?

안타깝게도 이 주식 추천방에 가입해선 안 된다. 사기꾼들은 나만이 아닌 수많은 사람에게 스팸 문자를 뿌렸을 것이다. 완전히 같은 내용은 아니다. 종목별로 등락의 경우의 수를 다양하게 짜서 문자의 내용을 작성했을 것이다. 링크의 주소도 여러 가지 경우의 수를 고려하여 임의로 뿌렸을 것이다. 10개의 종목이 등락하는 모든 경우의 수는 2의 10제곱, 1024가지이다. 그리고 1024가지 경우의 수 중 한 가지는 항상 10개 종목의 등락을 정확히 맞히게 된다. 약 0.1퍼센트의 작은 확률이지만, 매우 큰 수의 법칙은 규모가 커지면 효과적으로 작동한다.

만약 업체가 50만 명에게 모든 경우의 수를 골고루 뿌렸다면, 500명 정도의 희생자가 10개 종목을 다 때려 맞히는 초고수를 만나는 '놀라운 경험'을 하게 된다. 10개 중 1개만 틀리고 9개는 맞혔을 사람도 매우 큰 수의 법칙에 따르면 약 5000명이다. 업체는 이 수많은 '당첨자' 중 본인을 신봉하게 된 사람들만의 가입비를 털어먹으면 그만이다. 그리고 나는 유사 혹은 사이비 과학 신봉자들이 이런 주식 추천 사기방에 당하는 사람처럼 보인다. 그들은 주장한다. "상식적으로 말이 안 되는 사건이니 초자연적 현상으로 봐야 합니다." 정말 화가 나는 상황이다.

반증 가능성을 언제든 열어두기

개인적으로 화가 나는 사례 말고, 과학자들을 화나게 하는 좀 더 보편적인 방법이 있을까? 그중 한 가지는 과학의 정의 자체를 왜곡한 후 공격하는 것이다. 논리학에서는 이를 '허수아비 공격의 오류'라고 한다. 허수아비처럼 대상을 공격하기 쉬운 것으로 곡해하여 비판하는 것이다. 특히 과학자들에게 '과학이 항상 맞는 건 아니잖아', 혹은 '과학이 진리는 아니잖아'라는 식으로 비판해보자. 그런데 과학자들은 애초에 과학이 항상 옳은 것이라고 주장한 적이 없다. 오히려 과학의 중요한 속성 중 하나는 '반증 가능성'이다. 과학철학자 칼 포퍼Karl Popper는 과학과 유사과학을 구분하기 위한 기준으로 '반증주의falsificationism'를 도입했다.

이론은 검증될 수 없어도 반증될 수 있다.

이론에서 예측이 틀리면 그 이론을 철회하는 것이 과학의 특성이다.

반증된 가설이나 이론은 더 우수한 가설이나 이론으로 대체되어 과학이 발전한다.

즉 어떠한 이론 체계가 '틀렸음'을 논리적으로 '증명'할 '가능성'이 있어야만 그것이 올바른 과학적 논의라는 관점이다. 이런 시각에서 점성술이나 혈액형 성격론은 유사과학이다. 해석하기에 따라 이래도 맞고 저래도 맞아 결국 반증할 가능성이 없는 주장이기 때문이다.

반면 지금은 틀린 것으로 증명된 과학적 주장이라도, 그것이 항상 유사과학인 것은 아니다. 중세 시대의 천문학자들은 태양과 다른 행성들이 지구 주위를 돌고 있다고 믿었다. 하늘이 지구를 중심으로 돈다는 천동설이다. 태양이 동쪽 하늘에서 떠서 서쪽 하늘로 지는 것은 천동설로 설명해도 어떠한 모순도 없이 자연스러웠다. 하지만 계속해서 태양이 아닌 행성의 움직임을 관측해본 결과, 모든 천체가 지구를 중심으로 돌고 있다기에는 부자연스러운 움직임들이 나타났다. 행성은 태양처럼 한 방향으로만 움직이지 않고, 어떤 경우에는 반대 방향으로 움직이기도 했다. 고전적인 천동설이 반증되는 증거였다. 중세 덴마크의 천문학자인 티코 브라헤Tycho Brahe는 이러한 행성의 움직임을 설명하기 위해 수정된 천동설을 제

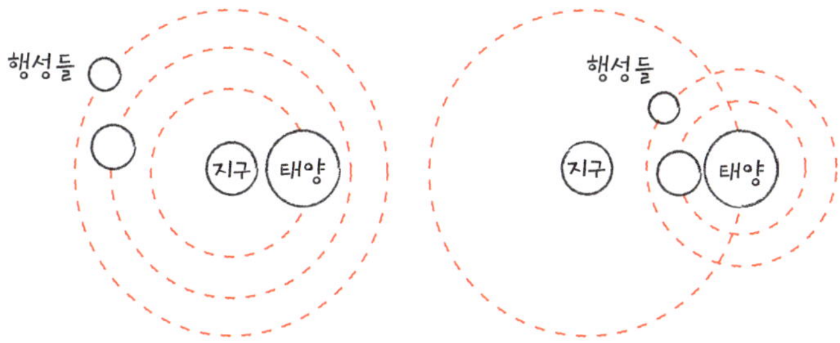

시했다. 태양이 지구를 중심으로 돌기는 하지만, 나머지 행성들은 지구가 아닌 태양 중심으로 돌고 있다는 설명이었다.

이 설명은 당시까지의 모든 관측 결과를 설명할 수 있는 이론이었다. 심지어 브라헤는 행성뿐 아니라 지구가 태양 주위를 돌고 있을 가능성(지동설)도 검토했다. 지구가 태양 주위를 돌고 있다면, 지구와 멀리 떨어진 별과의 각도가 지구의 공전과 계절의 변화에 따라 변화해야 할 것이다. 이 차이를 연주시차라고 한다. 다만 이 차이는 중세 시대의 관측 기술로는 전혀 감지할 수 없을 만큼 작은 값이었고, 브라헤는 태양이 지구 주위를 돈다는 이론을 고수했다. 추후 그의 이론은 연주시차의 관측을 통해 반증되었고, 지금은 고전적인 천동설도, 브라헤의 절충 천동설도 아닌 지동설이 정설로 받아들여지고 있다(이후 궤도의 형태가 원에서 타원으로 수정되긴 했지만).

하지만 그의 '절충설'이 유사과학이라고 할 수 있을까?

그의 이론에는 '만약 연주시차가 존재한다면'이라는 반증 가능성이 존재했으며, 당대의 관측 기술로 그 반증이 어려웠을 뿐이다. 절충설은 오히려 당대의 관측 결과를 가장 합리적으로 설명하는 이론이었고, 반대 이론에 대한 가능성까지 고려한 과학적인 것으로 여겨진다. 과학 공부를 허투루 한 사람이, 브라헤의 절충 천동설을 예시로 들며 "과학 이론이 항상 맞다는 보장이 없잖아. 그러니 점성술이 사실이 아니란 보장도 없어"라고 주장한다면, 많은 과학자가 목덜미를 잡을 것이다.

칼 포퍼의 반증주의에 따르면 중세 천문학자들의 여러 가지 천동설은 논리적 사고에 기반하여 반증할 수 있었던 과학의 영역(지금은 정설이 아니지만)이고 점성술은 과거나 지금이나 유사과학이기 때문이다. 물론 반증주의 역시 과학의 모든 속성을 대변하는 것은 아니며, 진리는 아니다. 포퍼의 이

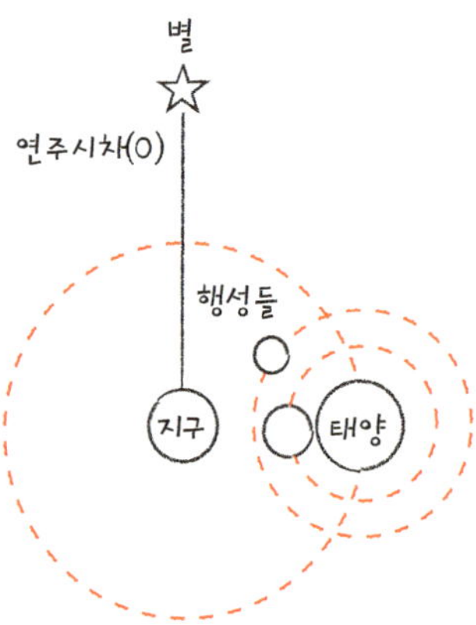

절충 천동설의 연주시차

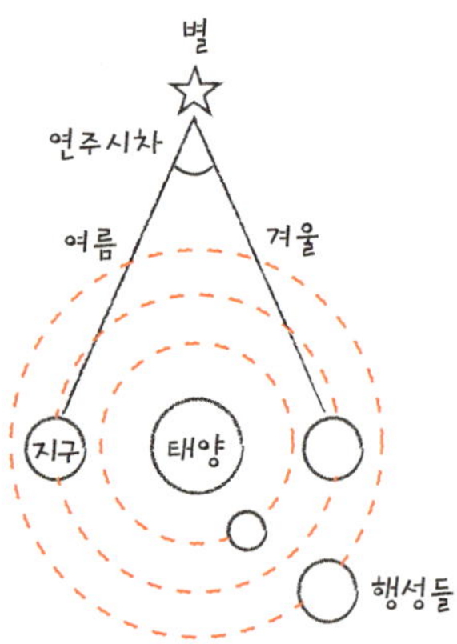

지동설의 연주시차

론으로 모든 가설을 과학/유사과학으로 나누기엔 분명 모호한 점들이 있다(크게 유행했던 MBTI가 이런 경계에 있다고 생각한다). 그럼에도 과학의 반증 가능성을 부정하는 것은 과학을 유사과학과 같은 허수아비로 만들어 공격하는 것과 다름없기에 많은 과학자를 화나게 할 수 있다.

이렇게 열심히 화를 내며 글을 쓰다보니, 내가 가끔 연인에게 혼난 이유를 알 것 같기도 하다. 헤어질 때 그들이 했던 말에는 몇 가지 공통점이 있었다.

"오빠는 화가 너무 많아." 혹은 "네 말이 항상 다 맞다고 생각하지?"

글쎄다. 나는 내 말이 다 옳다고 주장한 적이 없다. 오히려 언제나 반증 가능성을 열어두고 과학적인 태도로 임했을 것이다. 다만 반증할 객관적 사례를 상대방이 논리적으로 제시하지 못했을 뿐이다. 물론 화가 많은 것은 사실이다. 직장 동료 중 한 명이 화를 줄이는 데 마그네슘이 포함된 영양제를 먹는 것이 효과가 있다고 추천해줬다. 이게 과학적 사실인지는 언젠가 자료를 조사하여 따져봐야겠다. 나는 아마 상대를 피곤하게 만드는 타입이라 혼났을 것이다.

15. 멍청함의 팬데믹을 막는 방법

“이상형이 어떻게 돼요?”

이성을 소개받기 전 흔히 받는 질문이다. 확고한 연애관을 가진 사람은 이에 충분히 답할 수 있다. 하지만 이상형은 문자 그대로 이상적인 가정일 뿐이다. 현실의 인간은 보통 몇 가지 결함을 가지고 있다. 길고 안정적인 관계를 유지하는 것은 상대방이 이상형에 얼마나 가까운지에 별 영향을 받지 않는다. 경험상, 오히려 ‘이 점은 도저히 참을 수 없다’는 결격 사유가 적은 상대일수록 연애 과정이 순탄했다. 위의 질문에 대한 나의 답은 보통 다음과 같다.

“음… 총명? 혹은 현명한 사람이면 좋겠어요”

사실 이 대답은 사회화의 영향 덕에 본심을 돌려 말한 것에 불과하다. 내면의 자아는 이렇게 외친다.

‘멍청하면 탈락입니다.’

어리석음의 사회적 속성

이 부정적인 문장이 거만하게 들리리란 사실을 알기에, 긍정의 표현으로 뒤집어 대답했을 뿐이다. 다만 약간의 오류가 있다. 총명함(현명함)의 수학적 부정은 멍청함이 아니니다. 그 반대는 단순히 '총명하지 않음'일 뿐이다. 이는 내 취향은 아니지만, 나에게 도덕적 가치판단의 대상은 아니다. 총명하지 않은 사람은 별 잘못을 저지르지 않았다. 하지만 '멍청함(어리석음)'은 다르다. 이는 분명 부정적인 영향을 끼친다.

독일의 신학자인 디트리히 본회퍼Dietrich Bonhoeffer는 사악함보다 멍청함이 더 위험한 속성이라고 보았다. 그는 자기 생각과 다른 의견들을 받아들일 태도가 결여된 사람이 어리석고 멍청한 사람이라 보았다. 또한 멍청함은 자기 객관화가 결여된 자기 만족을 부여하고, 특정 사상들을 이유 없이 맹목적으로 따르게 한다고 주장했다. 이런 사람들은 애초에 자신의 생각이 옳지 않다는 것을 이성적·논리적으로 증명해줘도 그것을 사소한 것으로 치부하거나 무시해버리는 특성이 있다. 게다가 자신이 멍청하다는 것을 절대 받아들이려 하지 않기에, 지적을 받으면 공격성을 드러내기도 한다. 이성적 논리로는 이들에게 개선의 여지가 없다.

본회퍼가 이러한 생각을 하게 된 것은 아마 그가 살았던 시대적 배경 때문일 것이다. 그는 나치당이 독일 전역을 장악하던 시기에 살았다. 그리고 칸트, 니체 같은 사상가들의 나라가 맹목적인 파시즘으로 뒤덮이는 광경을 보았다. 그는 이러한 이유를 악이 아닌 멍청함에서 찾았다. 그리고 '스스로 몰락을 품고 있는 악은 항의와 무력을 통해 맞서고 저항할 수 있지만, 어리석음 앞에서 우리는 무방비 상태'라는 결론을 얻었다. 그는 어리석음이 지성의 결여라기보단 사회적 권력 앞에서 내면의 독립성을 포기하는 것이라 보았다. 이러면 사회적 교류가 많은 사람이 멍청해질 확률이 높았다. 그리고 멍청한 사회적 교류가 증가할수록 개인의 독립심은 감소한다. 사회적 권력은 이를 맹목적으로 따르는 추종자를 필요로 한다. 즉 권력과 멍청함은 공생 관계이다.

나는 본회퍼의 '어리석음에 대한 결론'에는 동의하지만, 몇몇 논리적 비약과 그 근거들이 아쉬웠다. 그래서 어리석음의 본질에 좀 더 가까이 다가가기 위해 여러 사회철학적 논의를 조사했다. 그중 내 눈길을 끈 것은 이탈리아의 경제사학자인 카를로 치폴라Carlo Cipolla의 글이었다. 그는 인간 유형을 넷으로 분류했다. 그 분류 기준은 자신/타인에게 이익/손해를 미치는지 여부이다. '현명한 사람'은 자신의 행동으로 자신과 타인 모두에게 이득을 가져다준다. '순진한 사람'은 타인에게는 득이 되면서 자신은 손해를 본다. '영악한 사람'은 자신에게 이득을 가져오기 위해 남들에게 피해를 준다. 마지막으로 '멍청한 사람'은 자신에게 전혀 이득이 되지

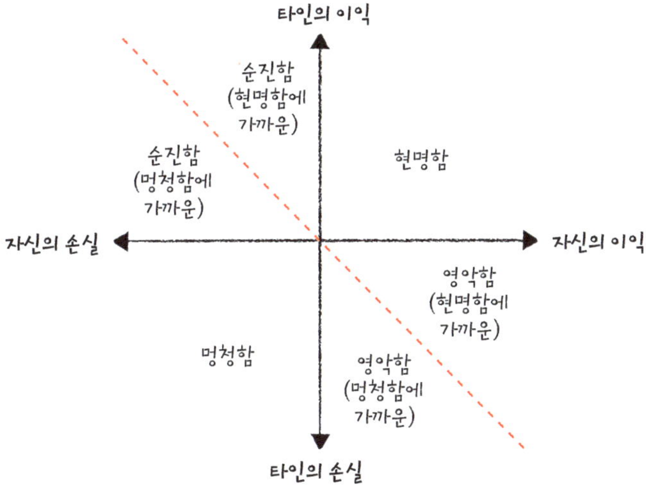

않으면서도 남들에게도 항상 손실만 끼친다. 치폴라는 경제학자답게 이를 손익 도식으로 제시한다.

위의 도식을 조금 더 구체화해보자. 대각선으로 나타낸 점선은 자신과 타인의 손익이 정확히 상쇄되는 지점이다. 이를 바탕으로 순진한 사람과 영악한 사람은 두 부류로 나눌 수 있다. 현명하지만 순진한 사람은 점선의 위쪽에 있다. 이들은 자신이 약간 손해를 보지만 타인에게 큰 이득을 가져다주는 행위를 할 수 있다. 희생적인 현명한 사람에 가깝다. 현명하지 않은 순진한 사람은 자신은 큰 손해를 보면서 타인의 배만 불린다. 영악한 사람도 마찬가지다. 약간의 이득을 위해 살인도 마다치 않는 범죄자는 사실 멍청함에 가까운 영악한 사람이다. 반대로 똑똑하면서 영악한 사람은 타인을 이용하지만, 그 손실을 최소화하며 자신의 배만 불린다.

치폴라에 따르면 순진하거나 영악한 사람의 분포는 손익분기선과 상관관계가 있다. 다시 말해 손익 관계와 그 동기에 대한 설명이 가능하다. 현명한 사람이라면 이들의 행동을 예측하고 대처할 수 있다. 그런데 멍청한 사람들의 행동은 이런 손익 관계와 전혀 관련이 없다. 도대체 언제 어디서 어리석은 행동이 발현될지 나머지 집단은 전혀 예측할 수 없다. 더 큰 문제는 이런 대처 불가능한 행동이 항상 손실만을 끼친다는 점이다. 따라서 손익 계산의 여지가 있는 영악한 사람보다 멍청한 사람이 사회적으로 더 큰 위협이라는 결론에 도달한다. 이는 앞서 살펴본 본회퍼의 '악'과 '멍청함'에 대한 기술과 유사하다.

치폴라는 더 나아가 '어떤 개인이 어리석을 확률은 그 개인이 지닌 다른 특질과는 무관하다'고 주장했다. 언뜻 보기에 이는 평등주의 사상에 바탕을 둔 말 같지만, 내포한 의미는 전혀 다르다. 어떤 특질을 가질 확률이 다른 특질과 무관하다는 말은, 다른 요소와 상관없이 그 특질을 가질 확률이 일정하다는 뜻이다. 어떤 대상이 어리석을 확률이 일정하면 전체 집단 내 어리석은 자의 비율도 일정하다. 이는 어떤 집단이든—국가, 인종, 성별, 교육 수준에 상관없이—멍청한 개인의 수가 항상 일정 비율만큼 존재한다는 점을 내포한다. 이는 권력층에도 마찬가지이다. 과거 신분제 사회에서는 권력층 내의 멍청함이 세습을 통해 자연스레 유지되었다. 현대 민주주의 사회 역시 선거 제도에 의해 멍청한 권력층의 비율이 유지될 수 있다. 멍청한 집단은 본인에게 득이 되지도 않으면서 남들에게도 해가 되는 자에게 투표할 수 있다. 바로 멍청한 권력자다.

과학으로 본 어리석음의 특징

나는 이런 논의를 시대의 발전에 걸맞게 다듬고자 한다. 한 가지는 뇌과학적 관점이다. 이는 어리석음의 개선 가능성을 검토하는 데 효과적이다. 우리는 뇌가 이성적이고 객관적인 사고를 추구한다고 믿기 마련이다. 이 때문에 어리석은 자는 합리적인 사고를 하지 못하는 것이라 쉽사리 단정하곤 한다. 하지만 최근 뇌과학의 발전은 이를 부정한다. 우리의 뇌에는 '의식적' 시스템과 '무의식적' 시스템이 공존한다. 하지만 우리는 무의식적 시스템의 작동 과정을 '인지'하지 못한다. 인지한다면 애초에 무의식이 아니다. 그리고 대부분 행동과 선택은 무의식적 시스템의 지배 아래에 있다. 마치 숨을 쉬는 행위를 의식적으로 수행하지 않듯, 더 고차원의 행동들도 무의식이 선택한다. 이에 대한 실험적 증거들이 계속 발표되고 있다.

뇌의 의식적 시스템이 하는 일은 무의식적 시스템이 수

행한 선택들에 대해 합리적으로 보이는 설명을 제공하는 것뿐이다. 착시 현상이 대표적 예이다. 뇌의 의식적 시스템은 실제로는 존재하지 않는 패턴을 기어코 찾아내 만들곤 한다. 문제는 착시와 같은 상황이 아니어도 잘못된 패턴과 설명 들을 의식적 시스템이 만들어내는 경우이다.

독일의 정신의학자인 필리프 슈테르처Philipp Sterzer는 "모든 사람은 그들만의 합리적 세상 속에 살고 있다"고 주장했다. 대부분 사람이 보기에 어리석은 음모론을 믿는 사람이라도 그 사람의 뇌는 그 음모론에 대해 충분히 이성적이고 합리적인 설명을 제공한다. 객관적이고 과학적인 증거들을 제시하더라도 그들의 뇌는 나름의 반박 논리를 다시 만들어내곤 한다. 그 논리가 일반적으로 받아들여지지 않는 멍청한 것일지라도 그들에겐 충분히 합리적인 것이다. 이런 점을 고려하면, 멍청한 생각을 '고치겠다'는 것은 완전히 잘못된 접근이다. 그것을 이해하는 것 정도가 최선일 수 있다. 그들의 세계에선 그것이 논리적으로 올바른 것이기 때문이다.

다른 한 가지는 진화생물학적 관점이다. 자연선택은 냉혹하여, 적응하지 못한 개체가 그 유전적 특질을 남기지 못하게 한다. 어리석은 개체가 살아남기 위해선 '무리의 법칙'을 따라야 한다. 주변 상황을 바탕으로 손익을 명확히 따지지 못할 바엔 다수의 선택을 맹목적으로 따르는 것이 효과적인 생존 전략이다. 특정 집단에 느끼는 소속감은 단순히 사회적 만족감의 문제가 아니다. 이는 어리석은 개체의 생존에 매우 중요한 문제이다. 살아남아 자손을 퍼트린 어리석은 개체는 무리짓기를 잘했을 것이다. 우리 주변에서도 쉽게 찾아볼 수 있다. 집단의 수장이 그 자리에 걸맞은 뛰어난 능력을 갖추고 있지 않음에도 그 자리를 잘 보전하고 있는 경우이다. 이런 개체는 대체로 멍청함의 진화생물학적 보완재로 높은 사회적 친밀성과 집단적 배타성을 보유하고 있으며, 때론 극단적이고 맹목적인 추종자들이 존재한다. 부족한 메타 인지(자기 객관성)로부터 비롯된 자신감이 무리짓는 능력이 비슷한 멍청이들을 만나 부정적인 시너지를 폭발시킨다.

각 시대에 걸쳐, 어리석음에 대한 논의는 몇 가지 공통된 사실을 기술하고 있다. 이를 설명하는 논리는 매우 다양하지만, 결국 다음과 같은 한 가지 결론으로 수렴한다. 어리석음은 개선되기 매우 힘들고, 사회적 관계를 통해 권력에 스며들며, 다수에 피해를 주는 부정적인 속성이다.

다행히도 인류는 멍청함의 부정적인 영향에도 불구하고 살아남았다. 하지만 앞으로도 그럴까? 과거 세계가 파편화되어 있던 시절—조그만 집단이 먼 곳과 교류 없이 각자의 삶을 살던 시절—에는 전염병이 퍼지는 데 한계가 있었다. 중세 유럽의 흑사병 같은 예외적 사례가 있긴 했지만, 그것이 전 세계를 휩쓰는 수준은 아니었다. 하지만 운송수단의 발전과 인적 교류의 세계화는 지금껏 우리가 경험하지 못했던 수준의 전염병을 겪게 했다. 코로나-19 팬데믹이 대표적이다. 차량과 선박, 비행기는 쉴 새 없이 바이러스를 이곳저곳으로 퍼트렸다. 중세 시대였다면 불가능했을 일이다.

나의 멍청지수는 몇 점일까?

나는 어리석음이 가진 부정적 속성이 마치 팬데믹과 같이 과거보다 현대에 더 위협적일 것으로 예측한다. 과거에는 어리석은 사람이 영향을 미치는 범위가 물리적으로 그들이 접하는 작은 집단 정도였다. 그 후 매체 기술의 발달은 나치와 같은 어리석음의 국가화를 불러왔다. 그래도 그 당시의 정보 전달은 라디오나 선전영화처럼 단방향이었다. 영악한 사람은 그들의 프로파간다에 이를 이용할 수 있었지만, 멍청한 사람은 정보의 생산자가 될 수 없었다. 지금은 어떠한가. 아무나 인터넷에 헛소리들을 써댈 수 있다. 이젠 멍청이들도 정보의 생산자 지위에 올랐다. 인터넷은 정보의 민주화를 가져왔다. 무리 짓기에 기반을 둔 다수 민주주의가 의외로 멍청함에 취약하다는 점을 고려하면 이는 '멍청함의 팬데믹'을 불러일으키기 딱 좋은 조건이다. 어리석음의 위협은 유사 이래 최대치에 다다랐다. 코로나-19는 백신과 치료제라도 개발되었다. 하지만 멍청한 데는 약도 없다.

그렇다면 어떻게 해야 할까? 힌트를 얻기 위해 코로나-19 팬데믹 시절을 떠올려보자. 효과적인 백신이 나오기 전, 유일한 대처 수단은 '사회적 거리 두기'와 감염(의심)자의 '격리'였다. 바이러스에 노출되는 빈도를 최대한 줄이는 것이다. 인적 교류를 줄이고, 체온 등을 검사하여 가능성이 높은 사람과의 접촉을 차단했다. 물론 많은 어려움이 있었다. 멍청이들은 이 시기에도 열심히 무리 짓기 활동을 했고, 괴상한 음모론을 생산하며 정부의 통제에 반발했다. 여기에서 우리는 멍청함의 팬데믹에 대처할 교훈을 얻을 수 있다. 어리석은 자들이 눈치채지 못하도록 교묘한 방법을 통해 그들의 생산물을 격리하고 노출 빈도를 줄여야 한다.

이를 위해 SNS 알고리즘을 수정해보자. 지금의 알고리즘은 검색 AI가 각자의 게시물을 수집하여 '가장 조회가 많이 될 것 같은 게시물'을 피드의 최상단에 노출한다. 대신에 AI가 '가장 멍청한 게시물'을 구분해낼 수 있다면 어떨까? 최근의 AI는 꽤 발전하여 글의 논리성이나 객관성 등을 수치화하여 판단할 수 있다. 이를 통해 각 게시물의 '멍청지수 Silly Index(SI)'를 매긴 후 그 값이 높은 글을 SNS에서 격리하면 된다. 다만 아예 노출 자체가 안 되면 반발이 있을 수 있다. 멍청지수의 역수, 멍청지수 분의 1의 비율로 노출하는 것도 좋을 것이다. 멍청지수가 너무 높아 큰 위험성을 가지고 있다면, 이 게시물은 타인의 SNS 피드에 거의 영향을 미치지 못한다. 다만 멍청지수를 매기는 알고리즘에 정치나 종교 같은 개인적 취향의 영역이 개입해선 안 된다. 멍청지수는 순수하게 논리성과 인류 보편적 가치에만 기반을 두어 측정되어야 한다. 물론 어떤 보편적 가치가 담겨야 할지는 계속 논의해야 할 것이다. 그럼에도 일단은 멍청함의 팬데믹을 막을 수 있는 비상 대책이 생겼다.

그런데 문제가 있다. 멍청지수에 따라 게시물을 모든 사용자에게 차등적으로 격리하는 것은 표현의 자유를 제한하는 것과 유사하다. 이는 현대 민주주의의 가치에 반하는 것처럼 보인다. 이를 완화하기 위해 개인형 맞춤 전략을 사용하는 것도 방법이다. 표현의 자유는 보장하되, 자극적인 매체물에 19세 이용가가 붙듯, 개인에 따라 노출 빈도를 다르게 설정하는 것이다. 이미 많은 SNS나 광고에서 활용하는 방식이다. SNS는 개인의 성향을 분석하여 맞춤형 광고나 글, 영상 등을 보여준다. 다만 현재의 SNS에서는 이것이 부정적인 방식으로 작동하는 것 같다. 괴이한 음모론이나 편협한 사상에 몇 번 노출되면, SNS 알고리즘은 개인이 그러한 것을 선호한다고 판단하여 비슷한 내용의 노출을 추가로 강화한다. 어리석은 개인은 어리석은 게시물에 더 자주 노출된다. 그리고 더 어리석어진다. 이것을 막으려면 게시물뿐 아니라 개인에게도 멍청지수를 매겨야 한다. 해당 사용자가 올리는 게시물의 평균적인 멍청지수와 선호하는 게시물의 평균 멍청지수를 종합하여 계산하면 된다. 이를 게시물의 멍청지수와 구분하기 위해 '개인멍청지수Individual Silly Index(ISI)'라 부르자.

개인멍청지수가 낮은 현명한 사람은 다양한 멍청지수를 가진 게시물에 노출돼도 괜찮다. 어차피 그들은 알아서 그것의 논리성과 객관성을 따져볼 수 있다. 개인멍청지수가 높은 어리석은 개인은 멍청지수가 높은 멍청한 글에 취약하다. 그들에게는 맞춤형으로 멍청지수가 낮은 똑똑한 글 위주로 보여주면 된다. 개인멍청지수에 따라 게시물이 노출될 수 있는 멍청지수의 범위는 다음과 같이 그려볼 수 있다.

여기서 새로운 궁금증이 생긴다. 지금 이 글의 멍청지수는 얼마로 측정될까? 그리고 이 책을 바탕으로 매긴 나의 개인멍청지수는 몇 점일까? 앞서 본회퍼는 "어리석은 사람은 자신이 멍청하다는 것을 절대 받아들이려 하지 않기에, 지적을 받으면 공격성을 드러내기도 한다"고 기술했다. 내 글이 SNS에 노출되지 않는다면 나는 화가 날 것 같다.

16. 인류 멸망에 대비한 부동산 투기법

주식? 내가 하면 다를 거야

흔히들 이런 말을 하곤 한다. "한국 주식은 하지 마라." "차라리 미국 주식을 해라." "국내 시장에서 승리하는 것은 부동산뿐이다." 나에게 이런 말들은 오히려 도전 의식을 불러일으킨다.

'내가 하면 다를 것 같은데?'

오만함과 결부된 '힙스터적' 사고다. 남들 다하는 소리를 따라가기보단 나만의 강점을 발휘할 수 있다고 생각하기 마련이다. 나르시시즘이다. 이 '홍대병'에 대해 변명하자면, 나는 반도체 업계에 종사하고 있고 물리학과 출신으로 업계 기술의 원리를 꽤 근본적인 수준까지 이해하고 있다. 물론 업계에 이런 능력을 갖춘 사람이 한둘은 아닐 것이다. 그리고 이 정도 능력만으로 주식 매매를 잘할 수 있다면, 우리 회사는 해마다 엄청난 돈을 벌어 퇴사하는 주식 고수들로 넘쳐나야 한다. 그럼에도 내가 진짜 특출난 강점을 가지고 있다면 나는 국내 주식을 하든 미국 주식을 하든 돈을 벌 수 있을 것으로 생각했다. 실험물리학자로서, 이는 실천적으로 증명해볼 수 있는 명제이다. 필요한 건 금융 자산뿐이다. 실험 과정은 다음과 같다.

① 앞으로 주목받을 기술들을 가진 회사들을 조사한다.
② 경제 연구기관의 보고서 등을 참조하여 해당 기술의 시장 성장률을 수치화한다.
③ 기업의 전 분기 매출과 최대 생산 규모, 2번에서 구한 시장 성장률을 바탕으로 다음 분기 매출을 예상한다.
④ 예상된 매출 성장을 바탕으로 현재 가격이 저평가되어 있는 주식을 매입한다.
⑤ 적정 가격에 도달하면 매도하여 이익을 실현한다.
⑥ 다음 분기에 실현 이익이 발생하지 않는다면 어떤 단계에서 오류가 발생했는지 분석한다.
⑦ 분석 결과를 바탕으로 투자 알고리즘을 미세 조정한다.

말은 거창하게 써놨지만, 사실 매우 일반적인 투자 방식이라고도 볼 수 있다. 다만 각 단계의 정확도를 내 강점을 활용하여 남들보다 더 높게 가져갈 수 있을지 궁금했다. 실제 결과는 어땠을까?

몇 분기에 걸쳐 주식 투자 실험을 진행했고, 결론부터 말하자면 '억울했다.' 나는 위의 1, 2, 3번을 상당히 높은 확률로 잘 맞혔다. 수많은 국내 중소 반도체 기업들의 매출 등락을 80퍼센트 이상 확률로 예측하는 데 성공했다. 그런데 수익은 그렇지 못했다. 몇몇 분기에선 소소한 이익을 봤지만, 결과적으론 음의 수익률을 보게 되었다. 처음에는 4번에 문제가 있었다고 생각했다. 나는 특정 기업의 현재 주식 가격이 앞으로의 성장을 고려하지 않은 '저평가'된 가격이라고 생각했다. 하지만 주식 시장의 가격 형성 과정에서 기대감이 미리 반영된 가격이 현재 가격일 수도 있다. 따라서 나는 6, 7번의 논리에 따라 '선반영'을 고려하여 '저평가'의 기준치를 추가로 낮추었다. 하지만 그럼에도 다음 분기의 가격은 예상대로 움직이지 않았다.

내가 사용한 국내 주식 매매법은 '시장이 최적화되지 않았고 가격 오류가 있다'는 가정 아래 작동하는 논리였다. 시장이 언제나 최적화되어 있다면 주식 가격은 항상 현재 가격이 '적정가'일 것이다. '기대감으로 대표되는 수요'와 '불확실성으로 대표되는 공급'이 균형을 잘 이루고 있는 경우다. 이때는 시장의 전체 성장률을 제외하면 개별 종목 투자로 큰 이익을 보기 힘들다. 개별 종목 투자가 이점을 가지는 경우는 관심도가 떨어져 가격이 완벽하게 형성되기 전의 시장이다. '가격 오류'가 있는 개별 종목을 싸게 사들인다면 시장의 성장률보다 큰 수익을 낼 수 있다. 나는 참여자가 훨씬 많은 미국 시장보다는 한국 주식시장의 최적화도가 낮을 것으로 판단했다. 즉 가격 오류가 더 많을 것으로 생각했다. 그렇기에 국내 주식을 위의 투자 실험 무대로 정했던 것이다.

사실, 국내 주식과는 별개로 나는 미국 주식에도 자산 비중을 꽤 두고 있었다. 미국 시장의 개별 종목을 파악하는 것이 어렵기도 하고, 가격 오류가 있을 가능성도 적다고 판단했기에 미국 주식의 경우 개별 종목보다는 상장지수펀드 Exchange Traded Fund(ETF) 투자에 집중했다. ETF 투자는 특정 분야의 모든 종목 혹은 시장 전체 종목을 각각 조금씩 전부 사는 것과 유사하다. 즉 해당 분야의 시장이 성장하거나 후퇴하면 그 만큼만의 손익이 발생한다. 개별 종목의 고수익률을 포기하는 대신 시장이 성장하는 만큼만 먹겠다는 심보였다. 다행히(?)도 국내 주식 실험을 열심히 하던 해, 미국 시장은 엄청난 성장을 보여줬다. 개별 종목 투자만큼은 아니었지만, 국내 주식에서 발행한 손실을 메우고도 남았다. 그렇다면 국내 주식 투자법도 미국 주식 투자법처럼 개별 투자가 아닌 시장 투자 방식으로 바꿔야 했을까?

그렇지 않다. 그랬다면 나는 국내 주식에서 더 큰 손실을 봤을 것이다. 문제는 시장 자체에 있었다. 코스피와 코스닥(국내 주식 시장)이 도무지 성장하지 않는 것이다. 내가 개별 기업들의 매출을 훌륭하게 때려 맞히건 말건, 개인은 시장 전체가 후퇴하면 손해를 보더라도 팔아치우는 것 이외에는 답이 없다. 그나마 투자한 기업들의 실적이 괜찮았기에 손실을 덜 본 격이었다. 물론 내가 국내 주식 실험을 지속해 나가려면 '장세'를 고려하여 투자 알고리즘을 정비할 필요가 있었다. 하지만 상승장과 하락장 데이터를 얻기 위해 코스닥 차트를 보고 있자니, 그냥 나스닥(미국 주식 시장)을 사는 것이 낫다는 결론에 도달했다. 최근 20년간의 통계가 말해주고 있었다. 나스닥이 8배 넘게 오를 동안 코스닥은 제자리걸음만 반복했다. 마치 술 취한 사람이 비틀거리며 매 걸음 임의의 방향으로 움직이는 것 같았다. 다시 주변 사람들의 말이 떠올랐다. "한국 주식은 하지 마라." "차라리 미국 주식을 해라." "국내 시장에서 승리하는 것은 부동산뿐이다." 그러던 중 마지막 '부동산'이란 말이 눈에 밟혔다.

'부동산 불패'라는 패러다임

국내 부동산 시장은 왜 성장할까? 어떤 성장 동력이 남아 있을까? 내가 부동산 투자를 하지 않은 것은 두 가지 이유인데, 하나는 당연히도 자본이 부족했기 때문이고, 둘째는 수요가 계속해서 늘어날지 모르겠다는 의문이었다. 특히 다른 나라와 달리 출산율이 1 미만인 국가에서 집값이 계속 오르는 것은 이상해 보였다. 집값이 수요-공급에 의해 형성되는 것이라면 그 수요는 단순히 그곳에 살고자 하는 사람의 수라고 생각했다. 다만 오히려 고점에 물린 '주식쟁이'들이 '손절(손실을 감안하고 매도하기)'이 아닌 '최대한 버티기'를 선택하는 것처럼, 본인의 모든 걸 끌어모아 산 자산을 더 싼 가격에 팔고 싶지 않은 욕망이 강하기에 부동산의 가격 하락이 쉽사리 발생하지 않는 것처럼 보였다. 그런데 이것은 가격 하락이 발생하지 않는 이유는 될 수 있어도, 상승하는 이유는 되지 못한다. 그렇다면 이는 경제 성장(혹은 통화량 증가)에 의한 시장 성장일까? 그렇다기엔 서울의 지난 20년간 집값 상승률은 물가 상승률을 훌쩍 뛰어넘고 있었다. 수도권의 인구가 계속 늘어나기 때문일까? 마찬가지로 수도권의 지난 20년간 집값 상승률은 해당 기간 인구 증가율보다 훨씬 컸다. 다른 이유가 필요하다.

이를 설명하는 것에는 다양한 사회적·경제적 요인이 있겠지만, 나는 '자기 실현성'이 꽤 중요한 요소라 본다. 앞서 주식시장의 가격 형성 예시에서, 주식을 구매하고자 하는 수요는 기대감에서 오고 판매하고자 하는 공급은 미래의 불확실성에 의한 불안감에서 온다고 기술했다. 이 '기대감'은 실제 기업의 성장과 가치에 근거한 것일 수도 있지만, 때로는

'가격이 오를 것 같다'는 믿음 그 자체가 수요를 낳기도 한다. '한국 주식을 하지 말라'는 말은 그것이 20년간의 코스닥 데이터를 바탕으로 한 결론일 수도 있지만, 반대로 불안감을 증폭시켜 가격을 떨어트리는 원인이 되기도 한다. 인과관계가 역전될 수 있는 것이다. 가격이 오르리란/떨어지리란 믿음 그 자체가 실제로 그것을 실현하는 원인이 될 수 있다.

'믿음의 자기 실현성'은 부동산 시장에도 적용해볼 수 있다. 물론 처음 믿음이 형성되는 과정에서 전혀 근거가 없었던 것은 아니다. 베이비붐 시대를 거치면서 한국의 인구는 폭발적으로 성장했다. 일자리를 찾아 서울에 모여든 인구는 그 자체로 수도권의 일자리를 증가시키는 요인이 되어 인구 집중화를 가속했다. 게다가 핵가족화, 일인가구화는 총가구 수를 증가시켰다. 또한 증가한 경제 활동은 재화의 생산과 유통을 증가시켰고 집값을 포함한 물가를 상승시켰다. 이는 분명 부동산이 영원히 승리하리란 믿음에 충분한 근거가 될 수 있다. 같은 돈으로 차량 같은 자산을 취득하면 시간이 지날수록 가격이 내려가는데, 집을 사면 집이 낡아져도 가격이 오른다. 이런 상황에서는 영혼을 끌어모아서라도 부동산을 취득해야 한다. 하지만 이렇게 형성된 '부동산 불패의 믿음'은 그 근거가 되었던 원인이 사라진 뒤에도 가격 상승의 원인이 되어 자기 실현적 예언을 성공시켜나간다. 출산율이 감소하고, '영끌(자산을 영혼까지 끌어모음)'을 막기 위해 대출 금리를 올리며, 경제 성장이 둔화될지라도 아직 믿음은 꽤 굳건해 보인다. 이 믿음은 영원할까?

부동산에 대한 믿음은 일종의 '패러다임paradigm'과 같다. 패러다임은 어떤 한 시대 사람들의 견해나 사고를 근본적으로 규정하는 인식의 체계를 의미한다. 미국의 과학철학자인 토머스 쿤Thomas Khun은 몇 가지 객관적 사실(반례)이 등장하는 것만으론 패러다임의 전환이 이루어지지 않는다고 보았다. 그는 물리학자 막스 플랑크Max Planc가 《과학 자서전Scientific Autobiography》(1950)에 남긴 말을 인용하여 다음과 같이 주장했다.

> 새로운 과학적 진리는 그 반대자들을 이해시킴으로써 승리를 거두는 것이 아니다. 그 반대자들이 죽고 새로운 진리를 신봉하는 세대가 주류가 되기 때문에 승리하게 되는 것이다.
>
> **- 토머스 쿤, 《과학혁명의 구조》**(1962)

다소 과격하게 들리는 이 문장의 의미는 새로운 패러다임의 등장만이 구시대의 패러다임을 전복할 수 있다는 표현이다. 패러다임은 조금씩 수정되는 것이 아니기 때문이다. 현세대의 믿음이 변하는 것이 아니라 새로운 믿음을 가진 세대가 생겨나야 한다. 나는 이 설명이 현재 국내 부동산 시장에도 유효하다고 생각한다. 출산율 감소나 경제 둔화 같은 한두 개의 객관적 반례는 자기 실현적 예언을 끊임없이 달성해나가는 현시대의 패러다임을 뒤집기에 턱없이 부족하다. 이 믿음이 변하려면 근본적으로 새로운 패러다임이 등장해야 한다. 그렇다면 그 후보에는 무엇이 있을까?

기후변화 시대의 부동산 투자 전략

'기후변화'는 새로운 패러다임이 될 자격이 있다. 지구의 기후는 태양 활동 주기, 운석 충돌과 대규모 화산 폭발에 의한 태양광 차단, 이산화탄소 농도의 변화 등에 의해 끊임없이 변해왔다. 흔히들 '기후변화에 의한 지구 멸망'이란 표현을 쓰지만 사실 지구는 멸망한 적이 없다. 다만 그 기후변화의 과정에서 여러 생물종의 흥망성쇠가 있었을 뿐이다. 몇억 년 단위의 거창한 규모가 아니더라도, 기후변화의 영향은 유효하다.

플라이스토세(기원전 260만~1만 년)의 빙하기에는 유라시아 대륙과 아메리카 대륙이 육로로 연결되어 있었다. 하지만 빙하기의 종료로 해수면이 상승했고, 이는 대륙 간 단절과 종 분포의 고립을 유발했다. 북아메리카 대륙에는 가축으로 삼을 만한 대형 포유류가 거의 없었다. 이는 유럽인들이 아메리카 대륙에 상륙했을 때 원주민 세력이 약화된 결정적 원인이 되었다. 유럽의 침략자들이 가축과 공생하며 각종 균에 내성을 가지게 된 반면, 아메리카의 원주민들은 이에 전혀 대비되어 있지 않았기 때문이다.

다른 사례로는 몽골 제국이 있다. 칭기즈 칸이 득세하던 시절, 급작스러운 태양 활동의 약화는 몽골 초원에 유례없이 풍족한 비를 내렸고, 반대로 금나라에는 최악의 가뭄을 유발했다. 이는 몽골 제국의 폭발적인 성장과 더불어 세계사의 판도를 뒤흔드는 결과를 낳았다.

현대의 기후변화 역시 다양한 결과를 가져올 수 있다. 산업혁명 이후 계속해서 늘어나는 화석 연료의 사용과 석유 화합물의 생산은 대기 중 온실가스인 메탄과 이산화탄소 농도를 많이 증가시켰다. 이는 온실효과에 의한 평균 기온의 상승을 가져온다. 이 결과는 자기 실현적 믿음처럼 자신을 계속해서 가속해간다. 지구상의 많은 이산화탄소는 극지방의 동토층에 얼어 있는 채로 존재하는데, 기온 상승은 동토층의 해빙을 가져오고 다시 더 많은 이산화탄소를 방출시킨다. 더 늘어난 온실가스는 추가적인 기온 상승의 원인으로 작용한다. 이 과정에서 해수면은 상승할 것이고 많은 동식물 종이 멸종할 것이다. 이는 인류의 거주 불능 지역을 증가시킴과 동시에 특정 지역의 인구 과밀화를 불러온다.

다시 부동산 얘기로 돌아가보자. 인류의 존속이 달린 상황에서 이게 무슨 소용일까 싶지만, 살아 있는 동안은 노력해야 하지 않겠는가. 한반도 주변의 해수면 상승이 가속화되면 가까운 미래에 인천, 군산, 목포, 부산 등의 지역이 물에 잠긴다. 인천을 지나 김포가 물에 잠기기 시작하면 서울도 피할 수 없다. 마곡, 가양, 목동, 신도림동은 직격탄을 입을 것이다. 이쯤 되면 서울 부동산 불패의 패러다임도 전복된다. 그렇다면 한라산 근처 제주도의 부동산을 사야 할까? 우리는 한반도 전역의 기온 상승도 고려해야 한다. 제주도의 평균기온은 전국 평균보다 3.5도 높다. 한라산은 고도가 높기에 이보다는 시원하겠지만, 주변 환경을 고려하면 부적합할 수 있다. 게다가 기후변화는 태풍의 발생 빈도와 규모를 증가시킨다. 태풍은 고온의 해수면 위에서 잘 형성되기 때문이다. 한라산 역시 그 위치를 고려하면 기상이변에 취약할 것으로 보인다.

아마 적합한 후보지는 강원도 산간지방일 것이다. 대관령 지역의 해발고도는 800미터가 넘는다. 여기는 해수면보다 겨우 10~60미터 높은 서울에 비하면 인류 멸망의 위기가 닥쳐도 절대 물에 잠기지 않을 것 같다. 평균 기온은 서울보다 6도나 낮다. 이 정도면 패러다임의 전환기에 엄청난 수요가 생길 지역임이 분명하다. 사실 더 적절한 지역이 있는데, 안타깝게도 아직 개인의 부동산 매매가 불가능하다. 북한의 개마고원이다.

부동산 투자에는 시점도 중요하다. 이것이 까다로운 점

이다. 기후변화로 인류 멸망이 가속화되는 시기, 즉 패러다임의 전환 시점을 예측하기가 힘들다. 각 나라는 기후변화를 늦추기 위해 탄소 배출량을 줄이자는 여러 기후 협정을 맺고 있다. 이게 얼마나 실효성이 있을지는 조금 더 지켜봐야 한다. 한 가지 과학적 사실은, 단순히 탄소 배출량을 줄이는 것만으로는 이미 시작된 자기 실현적 기온 상승을 막기에 부족하다는 점이다. 이를 막으려면 앞으로 발생할 탄소 배출량을 줄이는 게 아니라 이미 배출된 탄소를 줄여야 한다. 희망 중 하나는 '탄소 포집 기술'이다. 이미 배출된 공기 중의 온실가스(메탄, 이산화탄소)를 다시 고체 형태의 탄소 화합물로 되돌리는 기술이다. 우리는 이런 지식을 바탕으로 부동산 투자 알고리즘을 만들어볼 수 있다.

① 내가 부동산을 구매하고자 하는 시점에 획기적이고 유효한 탄소 포집 기술이 등장했는가? 그렇다면 2번, 아니라면 3번으로 간다.

② 패러다임 전환이 일어나지 않을 가능성이 크기에 수도권 부동산을 사들인다.

③ 해당 시점에 남북통일이 됐는가? 그렇다면 4번, 아니라면 5번으로 간다.

④ 인류 멸망에 대비해 개마고원의 부동산을 사들인다.

⑤ 인류 멸망에 대비해 강원도 산간지방의 부동산을 사들인다.

다만 자기 판단-자기 책임의 원칙에 따라 투자 결과에 따른 책임은 결국 투자자 본인이 부담하게 된다. 그러니 투자 결정은 신중해야 한다. 앞서 기술했듯이 나의 최근 1년간 국내 주식 수익률은 음수이다.

17. 얼음물과 몰디브 여행

더 늦기 전에 몰디브에 가야 하는 이유

영화 〈내부자들〉(2015)의 유명한 대사가 있다.

"모히또 가서 몰디브나 한 잔 하려니까."

모히또는 칵테일의 한 종류이고 몰디브는 휴양지다. 이 둘을 헷갈리는 주인공의 대사는 그의 거칠지만 엉성한 캐릭터를 대표한다. 사실 모히또 칵테일의 원조는 중남미 국가인 쿠바이다. 한편, 몰디브는 인도양의 섬나라이기에, 이 둘은 실제로 별 관련이 없다. 다만 바닷가 휴양지에서 시원한 칵테일을 마시는 모습, 그리고 꽤 강렬했던 영화의 대사가 머릿속에 일련의 연상작용을 불러일으키곤 한다.

미국에서 지내던 때의 일이다. 외식 물가는 너무나 비쌌지만, 마트의 싸고 다양한 주류 덕에 나는 집에서 술을 즐기게 되었다. 칵테일을 만들어 마시는 것도 화학실험 같아 흥미로웠다. 인터넷으로 이런저런 레시피를 찾아보고, 다양한 리큐어(향과 맛을 첨가한 주류)를 구매한 뒤 친구들을 초대해 칵테일파티를 열곤 했다. 여느 때와 같은 토요일이었다. 전날 연 파티의 여파로 해가 중천에 떴을 때 일어난 나는 시원하고 상큼한 음료를 마시고 싶었다. 냉장고를 열어보니 라임주스와 탄산수가 보였다. 마침, 식탁 위에 어제 마시다 남은 술도 있으니 모히또 한 잔 만들면 딱 좋을 것 같았다. 세 가지 액체를 섞고 민트시럽을 추가했다. 시원하게 마시려면 얼음도 빠질 수 없다. 얼음을 몇 개 띄워 숙취를 달래야 한다. 완성된 모히또 잔을 들고 발코니에 나가 햇볕을 쬐다 보니 자연스러운 연상 작용이 시작됐다.

'언제 몰디브 여행도 한번 가봐야 할 텐데.'

내가 몰디브를 떠올린 건 분명 손에 들고 있는 모히또 때문일 것이다. 하지만 여행을 가야겠다는 생각에는 다른 이유가 있었다. 칵테일 잔에 둥둥 떠 있는 얼음 때문이었다. 나에게 지구온난화의 대표적 이미지는 물에 녹아 작게 변한 빙하 조각 위 갈 곳 잃은 북극곰들의 모습이다. 지구온난화는 해수면의 상승을 불러온다. 몰디브는 1000개 정도의 산호섬으로 이루어져 있는데, 대부분 해발 고도 1미터 내외의 저지대이다. 해수면 상승은 몰디브의 종말을 의미한다. 지구온난화가 가속화되기 전에 어서 몰디브 여행을 떠나야 한다.

줄어드는 빙하와 아르키메데스

그렇게 칵테일 잔 속의 얼음을 바라보다 보니 다른 의문이 생겼다. 얼음이 녹는다고 해수면이 상승할까? 얼핏 보기엔 얼음이 녹으면 물에 떠 있는 얼음이 수면 위로 올라와 있는 양만큼 물의 양이 증가할 것 같다. 하지만 물리학적으로 생각해보면 그렇지 않다. 얼음이 물 위에 뜨는 이유는 얼음이 물보다 가볍기 때문이다. 정확히 표현하자면, 밀도가 낮기 때문이다. 밀도는 물질의 부피당 무게이다. 물은 얼음이 되면 부피가 증가하는 특성이 있는데, 이는 밀도가 감소한다는 것을 의미한다. 물속의 얼음 역시 동일하다. 같은 무게를 지닌 물보다 얼음의 부피가 더 크기 때문에 얼음은 물 위에 뜰 수 있다.

그렇다면 얼마만큼 뜰까? 그 정도는 얼음이 물속에 잠겨 있는 부분과 관련 있다. 고대 그리스의 철학자 아르키메

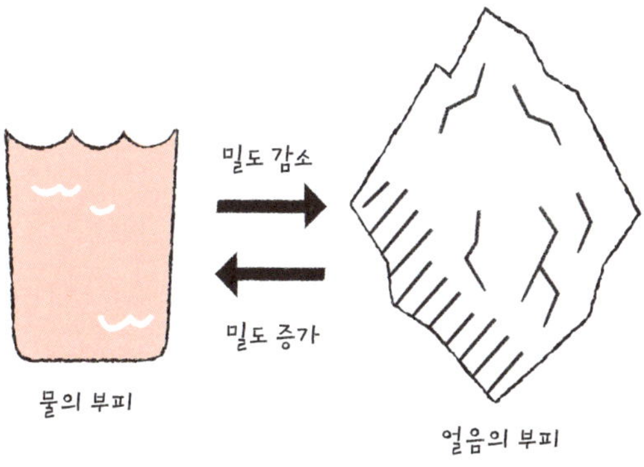

데스Archimedes는 물체가 물에 뜨는 '부력'이 물체가 물속에서 차지하는 부피만큼의 물의 무게와 같다는 사실을 발견했다. 즉 얼음의 총무게(가라앉으려는 힘)와 얼음이 잠겨 있는 부분의 부피에 해당하는 물의 무게(떠 있으려는 힘)는 항상 같다. 물이 얼음이 되면 약 10퍼센트의 부피 증가가 발생한다. 그리고 얼음이 물 위에 떠 있는 부분의 부피는 전체 얼음의 부피 대비 10퍼센트 정도의 양이다. 괜히 '빙산의 일각'이란 말이 존재하는 게 아니다. 이제 떠 있던 얼음이 녹는 상황을 생각해보자. 얼음이 물이 되면 원래의 밀도(부피 당 무게)로 돌아간다. 얼음이 녹아서 물로 변한 부피는 얼음이 원래 잠겨 있던 부분의 부피와 정확히 같다. 그것이 얼음이 물에 뜨는 원인이었기 때문이다. 즉 물 위에 떠 있던 얼음이 녹아도 잔속 물의 높이는 변하지 않는다.

그렇다면 지구온난화에 의한 해수면 상승은 거짓말일까? 환경보조금을 타내기 위해 각종 세력이 지어낸 말일까? 통계를 살펴보니 거짓말은 아닌 것 같다. 평균 기온 상승과, 극지방 빙하 면적의 감소, 그리고 해수면 상승은 분명 상관관계가 있다. 어떻게 된 일일까? 오류는 내가 가진 빙하에 대한 이미지에 있었다. 내가 상상하던 빙하는 북극곰이 올라타 있는 둥둥 떠다니는 얼음 조각이거나 타이타닉호가 충돌한 바다 위 거대한 빙산이었다. 사실 지구상 전체 빙하의 양에서 물에 떠 있는 빙하가 차지하는 비율은 그리 높지 않다. 대

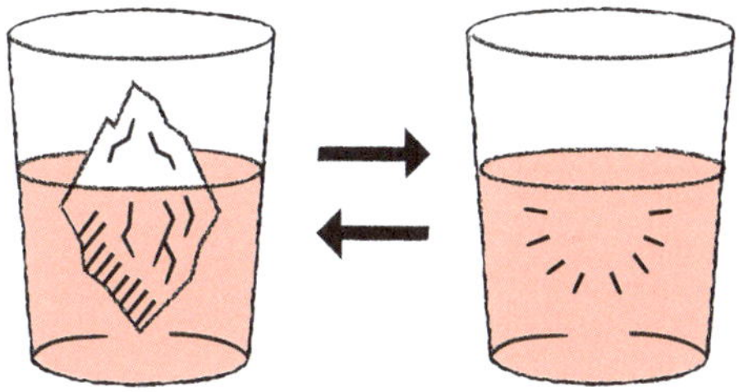

부분 빙하는 물 위에 떠 있지 않고, 극지방의 땅 위에 존재한다. 물에 떠 있는 빙하가 녹는 것은 바닷물의 높이에 영향이 별로 없지만, 땅 위의 빙하가 녹는 것은 그만큼 온전히 바닷물의 총량을 증가시키게 된다. 따라서 극지방의 빙하가 녹으면 실제로 해수면이 상승한다. 평균 기온이 더 오르면 몰디브가 곧 물에 잠길 것이란 사실은 물리학적으로도 자명하다.

나는 몰디브가 물에 잠기기 전에 여행을 갈 수 있을까? 휴양지 여행에는 꽤 큰돈이 든다. 아마도 이 글과 같은 과학적 헛소리가 인기가 있다면 가능할 것이다.

18. 데우스 엑스 마키나

데우스 엑스 마키나, '홀연히' 등장하다

연극은 고대 그리스의 주요한 즐길 거리였다. 희극이든 비극이든 연극은 대부분 기승전결의 구조를 갖추고 있었다. 관객은 갈등과 사건이 전개되고 절정에 이른 후 해소되는 과정을 통해 카타르시스를 느끼곤 했다. 갈등이 해소되는 방식은 다양했으며, 그중에는 훗날 '데우스 엑스 마키나Deus Ex Machina'라고 불리게 된 극적 장치도 있었다. '데우스Deus'는 라틴어로 '신'을 뜻하며, '엑스Ex'는 영어의 'from'과 비슷한 전치사이다. 그리고 '마키나Machina'는 '기계'를 뜻하는 단어이니, 이 라틴어 단어를 직역하면 '기계장치로부터 온 신' 혹은 '기계로 된 신'이라는 뜻이다.

고대 그리스의 연극은 종종 거중기 같은 기계를 무대장

치로 이용하기도 했다. 갈등이 최고조에 다다른 시점에서, 신과 같은 초월적 존재의 개입이 필요할 때 이 무대장치가 활약했다. 절정의 순간에 신의 역할을 맡은 배우가 기계장치를 이용해 무대에 '강림하며' 갈등을 해결하는 것이다. 이러한 방식은 관객들에게 경이로움과 같은 감정을 불러일으키기에 충분했다. 대표적인 그리스 비극 작가인 에우리피데스Euripides의 작품 중 절반 이상이 이러한 극적 장치를 이용한 것으로 알려졌다.

하지만 이런 초월적 장치에 대한 비판 역시 많았다. 다른 그리스 극작가인 안티파네스Antiphanes는 데우스 엑스 마키나가 작가의 역량 부족을 드러내는 장치라 주장했다. 그저 벌여놓은 갈등을 어떻게 해결할지 막막할 때 편리한 도구로써 사용하는 장치라는 것이다. 그리스의 철학자 아리스토텔레스Aristotle나 로마의 시인 호라티우스Horatius 역시, "줄거리의 해결은 줄거리 자체의 결과로 이루어져야 하며, 아주 놀라운 사건이나 신의 개입이 꼭 필요한 경우가 아니라면 기계로 된 신을 사용해선 안 된다"고 주장했다. 시간이 흘러 데우스 엑스 마키나의 개념은 여러 긍정적이면서도 부정적인 관점을 포함하게 되었다.

이런 사례는 고대 그리스 희곡이 아니더라도 쉽게 찾아볼 수 있다. 근대 SF 소설의 시초 격인 허버트 조지 웰스Herbert George Wells의 《우주전쟁The War of the Worlds》(1898)에는 압도적인 화력으로 지구 정복을 눈앞에 둔 외계인이 등장한다. 소설의 결말부에서 외계인들은 지구의 박테리아에 내성이 없어 순식간에 멸종하고 만다. 박테리아가 데우스 엑스 마키나로 활용된 사례이다.《우주전쟁》은 여러 번 영화화되었는데, 그 결말은 소설과 동일했다. 원작을 모른 채 영화관을 찾은 관객들은 시종일관 압도적으로 묘사되던 외계인이 영화 말미에 영문도 모른 채 갑자기 쓰러지는 모습에 허무함을 느끼기도 했다.

노벨 문학상을 받은 윌리엄 골딩William Golding의 소설《파리대왕Lord of the Flies》(1954)은 무인도에 표류하게 된 소년 집단을 그리고 있다. 문명과 동떨어진 곳에서 소년들은 무리를 형성하고 서로를 죽고 죽이는 야만적인 갈등을 빚는다. 주인공이 야만적 추종자 무리에 붙잡혀 불타 죽기 직전, 갑자기 섬을 발견한 해군 장교가 소년들을 구하는 것으로 소설은 끝맺는다. 이 역시 데우스 엑스 마키나의 사례이지만 꼭 부정적인 장치인 것만은 아니다. 독자들은 해군이 등장하지 않았다면 벌어졌을 끔찍한 상황을 상상해보게 됨과 동시에, 섬에서 벌어지던 야만적 행위가 문명에 의해 얼마나 빠르고 허탈하게 평온한 일상으로 돌아갈 수 있는지 느끼게 된다.

다만 부정적 의미의 데우스 엑스 마키나 역시 꾸준히 남용되고 있다. 공상과학으로 분류하기에는 과학적 기반이 허술해 보이는 몇몇 '유사 SF' 영화들이다. 이런 작품에서는 양자역학이나 나노기술을 마치 마법처럼 다루곤 한다. 도무지 해결책이 안 보이는 상황에서, 과학적으로 개연성 있고 기발한 방법을 제시하는 것이 아니라, 그저 '천재 몇 명이 나노 단위의 양자 세계에서 시간을 돌리는 기술을 개발했어'라는 식이다.

"빛이 있으라!"

까다로운 물리학자의 기준에서 가장 훌륭한 데우스 엑스 마키나의 사례에는 무엇이 있을까? 나는 아이작 아시모프Isaac Asimov의 SF 단편소설 〈최후의 질문The Last Question〉(1956)을 꼽곤 한다. 소설의 도입부에서, 인류는 '멀티백'이라고 불리는 자동 컴퓨터Automatic Computer(AC)를 만들어낸다. 요즘 관점으로 보면 초지능 인공지능과 비슷하다. 멀티백의 사고 능력은 인간을 초월한 것으로 묘사된다. 소설 속 인류는 멀티백을 이용해 별이 가지고 있는 에너지를 추출하는 방법을 개발한다. 사실상 거의 영원해 보이는 에너지원을 얻게 된 것이다. 하지만 누군가는 이것이 진정 영원한 것인지 의문을 가졌다. 우주가 유한하다면, 별의 개수 역시 유한하다. 모든 별의 에너지를 다 뽑아 쓰고 나면 그때가 진정한 종말의 순간이 될 것임이 분명했다. 멀티백을 관리하던 엔지니어 중 한 명이 멀티백에게 해결책을 물어본다. "수명이 다한 별을 추가적인 에너지 투입 없이 되살릴 수 있을까?" 멀티백은 잠시 동작하더니 답변을 내놓는다. "자료 부족으로 인한 답변 불가."

첫 질문이 해결되지 않은 채로, 소설의 시간은 계속 흘러 인류는 은하계까지 진출한다. 멀티백 역시 계속 발전하여 인류가 진출한 항성들을 연결하는 거대한 규모가 된다. 이제 멀티백이라는 구시대의 이름보단 '은하 AC'라는 이름으로 불린다. 몇몇 사람들은 여전히 이런 발전이 영원할 수 있을지 의심한다. 인류는 은하 AC를 통해 영생을 얻었지만, 별의 수명은 유한하다. 누군가 다시 은하 AC에 묻는다. "별을 되살릴 수 있는가?" 은하 AC의 대답은 이전과 같았다. "자료 부족으로 인한 답변 불가".

다행히 아직 우주에는 수많은 은하가 남아 있었기에 인류는 계속 발전한다. AC 역시 계속 발전하여 우주 규모의 AC가 되었다. 이젠 별들이 수명을 다하는 시기가 다가오고 있었다. 인류는 계속해서 묻는다. "추가적인 에너지 투입 없이 별을 되살릴 수 있는가?" AC의 답변은 한결같았다. "자료 부족으로 인한 답변 불가".

더욱 긴 시간이 흐르고 모든 별이 죽어가기 시작했다. 에너지원을 잃어버린 인류는 AC에게 계속해서 자료를 수집할 것을 명령한다. 소설의 결말부에서, 우주는 절대 0도에 가깝게 냉각되고, 마지막 남은 인류의 정신이 되묻는다. "모든 것이 끝인가?, 우주를 되돌릴 방법은 없는 것인가?" AC는 같은 답변을 내놓을 뿐이다. "자료 부족으로 인한 답변 불가".

우주와 함께 인류가 멸망하고, 더 이상 에너지의 흐름이 없는 곳에서 시간은 의미가 없어졌다. AC는 이런 무한한 시간 속에서 결국 답을 찾아낸다. 그리고 그 답을 실행할 프로그램을 작동시킨다.

> "빛이 있으라!"
> 그러자 빛이 있었다-

소설의 결말은 충격적이면서도 허망하다. 그리고 종교적이다(아마 이런 연유로 몇몇 이슬람 국가에서 이 소설이 금서로 지정되었을 것이다). 인류가 까마득한 과거부터 품어오던 궁극의 질문을 인공지능이 '딸깍' 한 번으로 해결했다. 흥미롭게도 이 결말은 문자 그대로의 데우스 엑스 마키나다. AC는 일종의 기계로 된 신으로서 강림한다. 최후의 질문을 해결하고 새 우주를 창조해낸다("빛이 있으라"는 기독교 구약성서 《창세기》의 한 구절이다). 언뜻 보기에는 과학적으로 개연성 있고 기발한 방법을 제시하는 것이 아니라 대충 '컴퓨터가 신이 됐어'라고 얼렁뚱땅 넘어가는 것 같기도 하다. 그럼에도 내가 이 소설의 결말을 최고의 데우스 엑스 마키나로 꼽는 이유는 명확하다. 물리학자라면 한 번쯤 생각해볼 만한 근원적인 질문과 답변을 다루고 있기 때문이다.

이를 이해하려면 '엔트로피entropy'라는 개념을 명확히 알아야 한다. 이 개념이 처음 등장한 것은 산업혁명의 태동기였다. 이 시기, 석탄이 가진 화학에너지는 열로 전환되고, 그 열에너지는 물을 증기로 만들어 기계들을 작동시키는 역학에너지가 되었다. 그리고 에너지의 전환 과정에서 효율이 100퍼센트인 장치를 만들어내는 것은 공학자들의 꿈이 되었다. 하지만 이내 이것이 불가능하다는 사실이 밝혀졌다. 과학적으로 이것이 가능하려면 열이 차가운 물체에서 따뜻한 물체로도 이동할 수 있어야 했기 때문이다. 즉 두 물체를 가져다 대면, 차가운 물체는 더 차가워지고 따뜻한 물체는 더 뜨거워지는 현상이 발생해야 했다.

실제 자연에서 이런 사례가 관측된 적은 없었다. 그리고 이러한 열 교환 과정에서 항상 증가하는 수학적인 값이 있었다. 독일의 물리학자인 루돌프 클라우지우스Rudolf Clausius는 이 증가하는 값을 엔트로피라고 정의했다. 즉 열이 뜨거운 물체에서 차가운 물체로 이동하는 것은 엔트로피가 증가하는 상황인 것이다. 반대의 상황이 발생하려면 엔트로피의 변화량이 음의 값을 가져야 했다. 엔트로피가 감소하는 경우이다. 물리학자들은 이런 비자연적 현상을 본 적이 없었기에 이것을 '열역학 제2 법칙'으로 정의했다(제1 법칙은 에너지 보존법칙이다). 이 법칙에 따르면 엔트로피는 항상 증가한다(감소하지 않는다). 다만 이것이 '왜' 항상 증가해야 하는지에 대한 설명은 부족했다. 그저 자연이 그렇게 생겨 먹은 것일까?

엔트로피적 관점에서 본 우주의 열적 죽음

오스트리아의 물리학자 루트비히 볼츠만Ludwig Boltzmann은 엔트로피에 통계적 확률의 개념을 적용했다. 그는 열의 이동이나 기체 분자의 확산 같은 거시적인 현상을 미시적 입자들이 취할 수 있는 경우의 수라는 개념으로 설명했다. 기체 입자 2개가 상자 안에 들어 있는 경우를 생각해보자. 이 기체 입자는 서로 구분되지 않지만 편의를 위해 A, B로 부르겠다. 상자를 절반으로 나눠 왼쪽 구역과 오른쪽 구역을 정의했을 때, 각 입자가 각 구역에 분포하는 경우의 수를 따져보자. (좌 | 우)로 나타내면 다음과 같다.

(AB |)
(A | B), (B | A)
(| AB)

만약 기체 입자의 수가 4개라면, 상자의 (좌 | 우)에 분포하는 경우의 수는 다음과 같다.

(ABCD |)
(ABC | D), (ACD | B), (ABD | C), (BCD | A)
(AB | CD), (AC | BD), (AD | BC), (BC | AD), (BD | AC), (CD | AB)
(A | BCD), (B | ACD), (C | ABD), (D | ABC)
(| ABCD)

규칙이 보이는가? 입자들이 한쪽에 몰려 있는 경우의 수보다 골고루 퍼져 있는 경우의 수가 더 많다. 입자가 (4개 | 0개)나 (3개 | 1개)로 분포하는 경우의 수는 각각 한 가지, 네 가지인 반면 (2개 | 2개)로 나뉜 경우는 여섯 가지나 된다. 만약 입자의 수가 더 많아진다면 입자들이 골고루 분포하는 경우의 수가 훨씬 많아지게 된다. 우리가 일상적으로 경험하는 대기압과 상온에서 1리터의 부피에 존재하는 기체 분자의 수는 약 3×10^{22}개이다. 3 뒤에 0이 22개가 붙는 수이다. 이 수많은 입자가 1리터의 공간 안에 분포하는 경우의 수는 그것이 한쪽에 쏠려 있지 않고 퍼져 있을 경우가 압도적으로 많다. 볼츠만은 이러한 경우의 수를 이용하여 자연현상의 방향성을 설명했다. 자연은 단지 확률적으로 경우의 수가 많은 상태를 취하려 할 뿐이라는 것이다. 자연에서 기체 입자는 항상 퍼져나가고, 물에 떨어트린 잉크 방울은 시간이 지날수록 골고루 뒤섞인다. 그것이 가장 경우의 수가 많은 상태이기 때문이다.

열의 교환도 마찬가지이다. 어떤 것이 뜨겁다는 것은, 미시적으로 보면 그것을 구성하는 입자들의 운동에너지가 크다는 뜻이다. 열이 차가운 곳에서 따뜻한 곳으로 흐른다는 것은 마치 상자 안의 기체 입자가 스스로 상자의 한쪽에 쏠리는 쪽으로 변화하는 것과 같다. 열이 거꾸로 흐르는 것은 운동에너지가 큰 입자끼리 서로 모이고 작은 입자끼리 서로 모인다는 것을 의미하기 때문이다. 이는 확률적인 관점에서 발생 가능성이 거의 0에 가까운 상태이다. 우주의 역사만큼의 시간이 흘러도, 이는 확률적으로 발생하지 않을 사건임이 분명하다. 그렇기에 열은 따뜻한 곳에서 차가운 곳으로 흘러야 한다. 그것이 통계적으로 '자연'스러운 상황이다. 볼츠만의 통찰과 함께, 엔트로피는 통계적 경우의 수를 의미하게 되었다. 자연은 경우의 수가 높은 상태를 향해 달려간다. 즉 자연현상에서 엔트로피는 항상 증가한다.

다시 소설의 질문으로 돌아가보자. '추가적인 에너지 투입 없이 별을 되살릴 수 있는가?' 이 질문은 사실 엔트로피의 역전이 가능한지를 묻는 질문이다. 소설 속 인류의 기술은 매우 발전하여 수소 기체를 모아 별을 합성할 수 있는 경지에 이르렀다. 하지만 그 과정은 운동에너지가 큰 입자끼리 서로 모이고 작은 입자끼리 서로 모이게 만든다는 것을 뜻한다. 열을 거꾸로 흐르게 해야 하는 것이다. 이것이 불가능한 것은 아니다. 당장 우리 주위만 봐도 냉장고나 에어컨은 이런 일을 수행하고 있다. 다만 이런 엔트로피의 역전 과정에는 여름철 늘어나는 전기사용료처럼 추가적인 에너지의 투입이 필요하다. 이런 추가적인 에너지를 얻기 위해 우주의 다른 어딘가에선 결국 엔트로피가 증가해야 한다. 별만 놓고 보면 별이 생성되는 행위는 국소적인 엔트로피를 감소시키는 것이지만, 전 우주적인 관점에서 보면 결국 이 행위를 통해 총 엔트로피는 증가한다.

우주의 엔트로피가 계속 증가한다는 것은 무슨 뜻일까? 이는 모든 입자의 에너지 분포가 가질 수 있는 가장 큰 경우의 수를 향해 나아가고 있음을 의미한다. 이 과정에서 열은 뜨거운 곳에서 차가운 곳으로 흐르고 언젠가는 평형상태에 도달한다. 그 종착지는 우주의 모든 입자가 열교환을 마치고, 더 이상 열의 이동이 발생하지 않는 평형상태다. 이것이 우주의 엔트로피가 최대가 된 상태이다. 우주의 엔트로피가 항상 증가한다는 말은 결국 이런 엔트로피의 최대치에 도달하게 될 것이라는 필연적 미래를 내포한다. 이런 상태의 우주는 에너지의 흐름이 없는, 열적으로 '죽은' 우주이다. 우주에는 더 이상 아무런 변화도 발생하지 않는다. 영원히 마지막 상태로 얼어붙는 것이다. 그리고 최후의 질문은 단순히 별만 되살리는 것이 아닌, 이런 예견된 열적 죽음을 피할 방법에 대한 질문이다.

고대 그리스의 연극에서, 최고조에 달한 갈등은 데우스 엑스 마키나의 강림을 통해 해결되곤 했다. 우리의 우주가 한 편의 연극이라면, 그 결말부에서 최고조에 이르는 것은 엔트로피다. 이제 이 연극의 결말을 매듭짓기 위해 필요한 것은 적절한 데우스 엑스 마키나뿐이다. 앞서 살펴봤듯, 아리스토텔레스는《시학》에서 "줄거리의 해결은 줄거리 자체의 결과로 이루어져야 한다"고 주장한 바 있다.

우리는 우주라는 연극의 줄거리를 살펴볼 필요가 있다. 연극이 진행됨에 따라 엔트로피가 계속 증가한다는 것은, 반대로 말하면 과거에는 엔트로피가 매우 작은 상태가 존재했음을 시사한다. 빅뱅 우주론에서, 우주는 한 점으로부터 시작한 것으로 여겨진다. 이는 엔트로피적 관점에서도 적절한 설명이다. 상자의 한구석에 모든 기체 입자가 모여 있는 상태가 가장 경우의 수가 적은 것처럼, 한 점에 모여 있는 우주의 시작이 엔트로피의 최소 상태이다. 시공간은 이 점의 팽창과 함께 부풀어 올랐다. 즉 빅뱅 이전에는 시공간이라는 개념이 존재하지 않았을지 모른다. 흥미롭게도 우주가 열적 죽음을 맞이한 상태는 수학적인 관점에서는 시공간이 존재하지 않는 것과 비슷할 수 있다. 영원히 변화가 없는 얼어붙은 상태에서, 시간과 공간은 그 의미를 잃어버린다. 만약 이 가설이 맞다면, 우주의 열적 죽음은 새 우주 탄생의 필요조건이다.

최후의 질문에 대한 답변인 "자료 부족으로 인한 답변 불가"는 그저 시간끌기였을 수도 있다. AC는 어떤 사실을 깨달은 것인지도 모른다. 우주를 되살릴 방법은 그저 영원한 죽음을 기다리는 것뿐임을. 그때가 되면 자신이 데우스 엑스 마키나로 현신하여 새 시작을 목도할 뿐임을.

추신 1

소설 속 AC는 국내에서 Automatic Computer의 줄임말로 잘못 알려졌지만, 원문을 보면 Analog Computer의 약어임을 알 수 있다.

추신 2

열적으로 죽은 상태의 우주가 빅뱅의 특이점과 수학적으로 같을 수 있다는 주장은 영국의 이론물리학자인 로저 펜로즈Roser Penrose의 '등각순환우주론conformal cyclic cosmology'의 내용이다. 수학적으로 기술된 가설이며 유사과학이나 비과학의 영역은 아니다. 하지만 수학적으로 가능하다는 말이 실제로도 우주가 꼭 그래야만 한다는 뜻은 아니다. 또한 실험/관측상 증거를 찾기 어려운 내용이며 이것이 열역학 법칙을 위배하는지에 대해 논란의 여지가 많다. 따라서 학계의 정설은 아니다. 펜로즈 본인도 이 이론을 강력하게 주장하기보다는 검토해볼 만한 가설 정도로 여긴다. 우주의 시작과 종말에 대해서는 여전히 다양한 이론이 경쟁하고 있다. 다만 흥미로운 것은 소설 《최후의 질문》이 출간된 시기가 펜로즈의 등각순환우주론보다 50여 년 앞선다는 점이다.

19. 어느 물리학자의 묘비명

쉰다, 오래, 특히 아주 강하게

세상에는 다양한 묘비명이 있다. 예술가들은 생전의 재치를 마지막 순간까지 발휘한다.

"내 언젠가 이 꼴 날 줄 알았지." _ **조지 버나드 쇼**

"일어나지 못해 미안하오." _ **어니스트 헤밍웨이**

개인적으로 인상 깊은 묘비명은 한 작곡가의 것이다. 그의 묘비엔 오선지와 악상기호가 새겨져 있다.

▬ 𝄐 *fff* (쉰다, 오래, 특히 아주 강하게) – **알프레드 시닛케**

그런데 학자들은 특이하게도(혹은 늘 그렇듯) 묘비명을 지식을 전수하는 데 활용하고자 한다. 고대 그리스의 수학자 디오판토스Diophantus의 묘비에는 수학 방정식 문제가 적혀 있었다고 전해진다. 세상을 떠난 뒤에도 후세 사람들을 괴롭히고 싶었나 보다(실물은 안타깝게도 발견되지 않았다). 물리학자들은 자신의 대표 업적을 공식으로 새기기도 한다. 루트비히 볼츠만Ludwig Boltzmann의 묘비에는 그가 정립한 엔트로피 공식이 적혀 있다. 스티븐 호킹Stephen Hawking은 블랙홀이 방출하는 열을 설명하는 호킹 복사 공식을 묘비에 새겼다.

$S = K \cdot logW$ _**루트비히 볼츠만**

$t = \dfrac{\hbar c^3}{8\pi GMk}$ _**스티븐 호킹**

아마 묘비를 강의실 칠판쯤으로 여기는 것 같다. 물리학자 리처드 파인먼Richard Feynman은 다음과 같이 물었다.

"만일 기존의 모든 과학 지식을 송두리째 와해시키는 일대 혁명이 일어나, 다음 세대에 물려줄 지식이 단 한 문장밖에 남지 않는다면, 그 문장은 어떤 내용을 담고 있을까?"

파인먼은 자문자답으로 자신이라면 '모든 물질은 원자로 이루어져 있다'는 말을 남길 것이라 했다. 꽤 중요한 지식이다. 이 사실로부터 세상을 설명하는 수많은 물리법칙을 유도할 수 있다. 다만 이게 최고로 중요한 지식인지 여부와는 별개로, 파인먼의 질문은 많은 물리학자에게 매력적으로 다가온다. 물리학자들은 각자가 생각하는 가장 중요한 물리법칙이 무엇인지를 꼽곤 한다. '모든 관성계에서 진공 중 빛의 속도는 일정하다'(광속 불변의 원리)는 많은 물리학자의 지지를 받는 최후의 지식 후보이다. 상대성이론의 근간이 되는 원리이기 때문이다. '고립계의 엔트로피는 감소하지 않는다'(열역학 제2 법칙) 역시 빠질 수 없는 단골 소재이다. 수많은 자연현상의 '방향성'을 설명할 뿐 아니라 후세 인류가 영구기관 개발 같은 헛짓거리를 하는 것을 막을 수 있다.

자칭 물리학자인 나 역시 대학생 시절 파인먼의 도발에 넘어가 최후의 지식—현생 인류의 묘비명—이 무엇일지 고민해보곤 했다. 나는 긴 시간을 고민한 끝에 독일의 수리물리학자 에미 뇌터Emmy Noether의 '뇌터 정리Noether's Theorem'를 인류 지식의 묘비에 새기기로 했다. 이유는 단순했다. 가장 아름답기 때문이다.

대칭성이 존재하면, 그에 대응하는 물리량이 보존된다.

그녀는 복잡한 수식을 통해 이 정리를 증명했기에, 글로만 이 문장의 의미를 설명하기는 꽤 까다롭다. 게다가 이게 왜 아름다운지도 논증해야 한다. 그럼에도 시도해보자. 이것이 최후의 지식으로 인정받으려면 많은 사람을 설득할 수 있어야 한다.

대칭성과 뇌터의 정리

학창 시절 '무엇무엇의 보존법칙'이란 말을 들어본 적이 있을 것이다. 여기서 '무엇무엇'에는 에너지니, 운동량이니 하는 것들이 들어간다. 그리고 교과서에 항상 나오는 뻔하디뻔한 예시들이 있다. 사과는 떨어지면서 위치에너지를 운동에너지로 전환시키고, 두 에너지의 총합은 보존된다. 당구공이 다른 당구공과 부딪힐 때 충돌 전후 두 당구공의 운동량 역시 보존된다. 철수와 영희가 굳이 얼음판 위에서 줄다리기를 하는 이유는 도통 모르겠지만, 나 같은 범생이들은 각종 보존법칙을 활용해 교과서의 문제를 해결할 수 있다. 그런데 이상한 점이 하나 있다. 어느 교과서도 '왜' 물리량이 보존되어야 하는지는 설명해주지 않는다. 그냥 법칙이라고만 나와 있다.

뇌터 정리는 이에 대해 설명한다. 우선 '대칭성'이란 뜻을 수학적으로 이해해야 한다. 어떤 것을 변환했을 때, 변환 전후를 구분할 수 없다면, 해당 변환에 대해 대칭성을 가진다고 정의한다. 정사각형을 90도만큼 회전시키면, 원래의 상

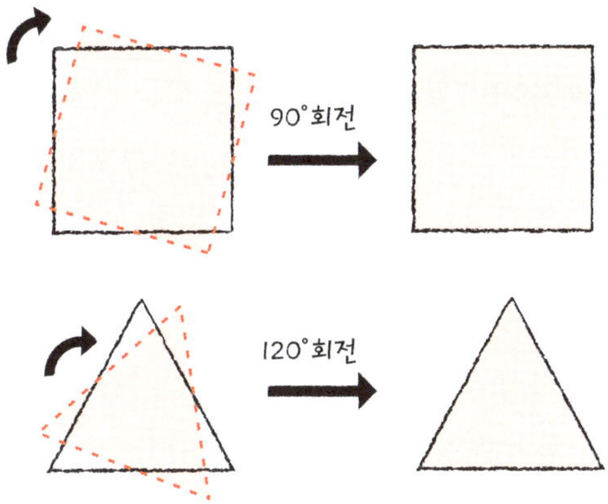

태와 구분할 수 없다. 이때 정사각형은 90도 회전 변환에 대해 대칭성을 가지고 있다고 할 수 있다. 마찬가지로 정삼각형은 120도 회전 대칭성을 가진다.

이번에는 매우 거대한 바둑판을 상상해보자. 현실의 바둑판은 각 칸의 위치를 특정할 수 있다. 몇 번째 가로줄과 몇 번째 세로줄이 만나는지 세면 된다. 하지만, 이 상상 속의 거대한 바둑판은 너무 커서 '몇 번째'라는 개념이 없다. 즉 각 칸이 구분되지 않는다. 바둑판에는 1개의 돌이 놓여 있다. 이제 이 돌을 옆 칸으로 움직여보자. 각 칸이 완전히 동일하다면 우리는 바둑돌의 이동에 대해 전후 상태를 구분할 수 없다. 즉 이 바둑판은 칸 이동 변환에 대해 대칭성을 가진다. 우리 우주도 비슷하다. 텅 빈 우주를 일정한 속력과 방향으로 가로지르는 물체를 상상해보자. 물체를 중심으로 하여 사진을 찍는다면, 우리는 각 사진을 구분할 수 없다. 이것을 우주가 공간 이동에 대한 대칭성을 가졌다고 말한다.

뇌터는 대칭성이 있으면 그에 대응하는 물리량이 보존된다고 했다. 앞서 본 공간 이동 대칭성에 대응하는 물리량이 바로 운동량이다. 운동량은 물체의 질량 곱하기 속도로 정의된다. 우주 공간이 이곳이든 저곳이든 '동일'하다면(좀 더 엄밀하게는, 같은 물리법칙 아래 있어 구분되지 않는다면) 그곳을 가로지르는 물체의 운동 상태는 일정하다. 즉 공간의 대칭성은 운동량 보존법칙을 의미한다. 우주의 법칙은 시간에 대해서도 동일하게 작동한다. 어제 공부한 중력 법칙이 오늘 갑자기 바뀌지 않는다. 이런 시간 이동 대칭성에 의해 보존되는 물리량은 바로 에너지이다. 뇌터 정리는 수많은 보존법칙을 대칭성의 개념으로 설명할 수 있게 해준다.

이쯤 되니 물리학자들은 대칭성에 집착하기 시작했다. 심지어 요즘은 주객이 전도되어, 현상에서 대칭성을 찾는 것

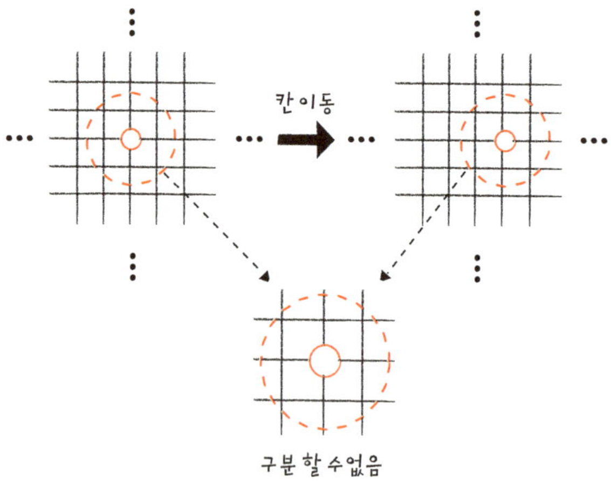

이 아니라, 먼저 대칭성이 있어야 한다는 것을 가정하고 새로운 이론을 만들어내기도 한다. 새롭게 발견한 사실이 비대칭적이면, 그것을 틀렸다고 여기기도 한다. 그리고 자연법칙의 대칭성을 맞춰주기 위해 다양한 가설을 세운다. 대칭성을 전제로 하여 아직 발견되지도 않은 입자의 존재를 가상하고, 그 가상 입자를 활용한 법칙들을 미리 만들어낸다. 그런데 놀랍게도 이런 가상의 입자들이 실험을 통해 실제로 존재함이 계속해서 밝혀지고 있다. 이제 이것은 물리학계의 종교적 믿음에 가깝다. 물리학자들 사이에선 자연법칙에 어떠한 대칭성이 존재해야만 한다는 신념이 생겨났다.

> 물리학에서, 아름다움이 곧 진리를 보장하진 않지만, 진리를 찾는 데 도움이 된다. 수학에서 아름다움은 반드시 참이다. 참이 아닌 모든 것은 추하기 때문이다.
>
> **- 이언 스튜어트, 《아름다움은 왜 진리인가》(2007)**

나는 진리가 무엇인지 잘 모르지만, 그것은 아마 대칭적일 것이다. 자연은 아름다운가? 자연법칙이 아름답다면 이는 대칭이 아름답다는 말과 동치이다. 그리고 이를 이용해 진리를 찾아가는 뇌터 정리는 아름다움을 추구하는 과정이다. 후세의 인류는 이전 세대의 묘비명을 통해 자연의 아름다움을 누릴 자격이 있다.

20. 몬테카를로의 도박사

간단한 사실로부터 통찰을 얻게 되는 순간이 있다. 나에게는 대학원 1학년 전산물리 수업 시간이 그 순간이었다. 당시 수업에서 받았던 과제가 있다. 원주율 π를 계산해주는 프로그램을 작성하는 연습문제였다. 쉬워 보이는 문제였지만, 막상 코드를 작성해보니 생각보다 간단한 일이 아니라는 것을 알게 되었다. π는 원의 지름과 둘레 간의 비율이며, 그 값이 3.141592…로 소수점 아래 무한한 숫자가 불규칙적으로 나열되는 무리수이다.

쪼개고 나누고 쏘고, 원주율을 향한 도전

원주율의 값을 최대한 높은 정확도로 계산하는 것은 고

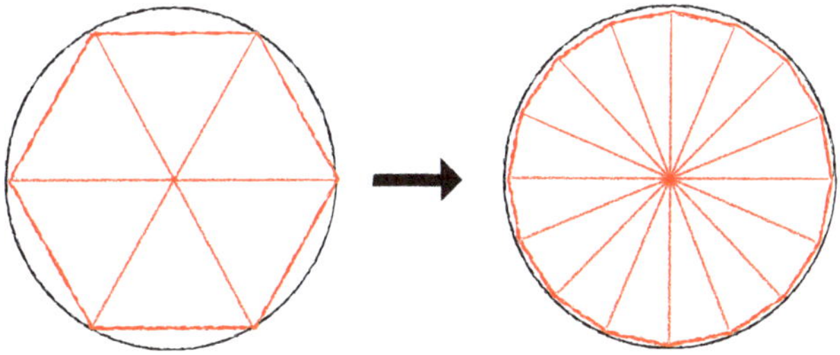

대부터 많은 수학자들이 달성하고자 했던 목표였다. 대표적인 방식은 고대 그리스나 중국, 인도, 페르시아에서도 사용된 '삼각 근사'이다. 삼각형의 둘레를 구하는 것은 원보다는 쉽기에 원을 피자 자르듯 여러 개의 삼각형으로 나누고 그 삼각형이 이루는 둘레의 합을 계산하는 방법이다. 실제 원주율과는 차이가 나는 값이 구해지겠지만, 삼각형을 반복하여 촘촘하게 쪼개다 보면 점점 원주율에 가까운 숫자가 구해질 것이다.

17세기까지 수학자들은 삼각 근사를 사용했고, 나 역시 해당 방식을 이용해 비교적 '지저분한' π 계산 프로그램을 만들 수 있었다. 하지만 프로그램을 실제로 작동해보니 π를 계산하는 목적으로는 매우 비효율적이었다. 실제로 16세기의 수학자 프랑수아 비에트Francois Viète는 원을 393,216개의 삼각형으로 쪼개어 π를 계산했고, 17세기 초 네덜란드의 수학자 뤼돌프 판 쾰런Ludolph van Ceulen은 한술 더 떠 약 461경 1686조 개의 삼각형으로 π를 계산했다. 그 결과 π의 소수점

35번째 자리까지 구할 수 있었다. 사용한 삼각형의 개수에 비해서는 초라한 자릿수지만, 쾰런은 25년의 세월을 해당 계산에 바쳤다. 얼마나 자랑스러웠으면 묘비에도 본인이 구한 숫자들이 새겨져 있다.

쾰런이 활동했던 시기에 영국의 과학자 아이작 뉴턴이 태어나지 않은 것은 다행이었다. 뉴턴은 원을 자르는 원시적인 방법 대신 미적분을 통해 π를 계산하는 간단한 공식을 개발했다. 그 공식은 비교적 단순한 분수들을 계속해서 더해나가는 방식으로, 분수들을 여러 번 더해나갈수록 그 결과가 π에 가까워진다. π의 소수점 35번째 자리까지 계산하기 위해 뉴턴의 공식은 50개 정도의 분수 덧셈만 하면 된다. 쾰런이 461경 개의 삼각형으로 25년간의 계산을 마칠 때쯤 뉴턴이 나타나 '그거 그렇게 하는 거 아닌데'라고 놀리는 모습을 상상해보자. 만약 그랬다면 쾰런의 사망일은 화병 탓에 더 앞당겨졌을 것이다. 뉴턴의 공식을 이미 알고 있던 대학원 동기들은 나보다 훨씬 단순한 코드를 작성했다. 나는 동기들의 프로그램을 보고 아마 과제의 의도 역시 그러한 것이었으리라 짐작했다.

하지만 전산물리 교수님이 보여준 과제 풀이는 예상을 아득히 뛰어넘는 방법이었다. 기하학이나 미적분학을 이용하는 수학적 배경 하나 없이 '무식해' 보이는 방식이었지만 효율적이었다. 정사각형 안에 꽉 차게 원을 그린 뒤 그 정사

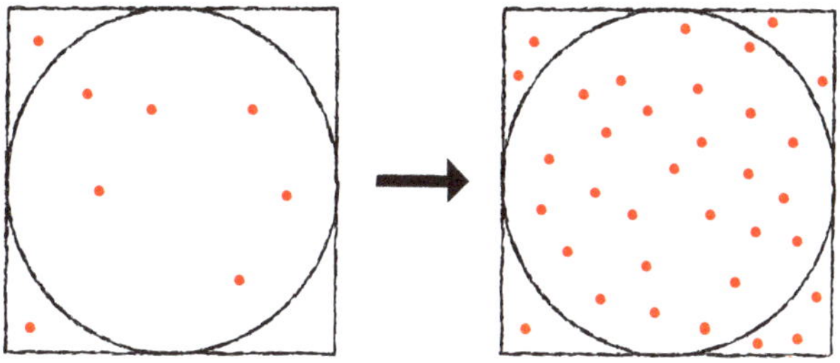

각형 안 '임의의 위치에 점'을 찍는 코드를 작성한다. 그 후 그 점이 원의 안쪽에 있는지, 바깥쪽에 있는지 판별하는 코드를 한 줄 작성한다. 그리고 이 과정을 반복한다.

이것이 프로그램의 전부였다. 원주율과 무작위 점찍기가 무슨 관계일까? 정사각형과 원의 표적에 기관총을 아무렇게나 쏘는 상황을 상상해보자. 단 총알은 정사각형을 벗어나지 않는다고 가정하자. 즉 탄흔이 정사각형 안에서 발견될 확률은 100퍼센트다. 그렇다면 원 안쪽에서 발견될 확률은 얼마일까? 정사각형 넓이 대 원 넓이의 비율일 것이다. 즉 총알이 원을 맞힐 확률은 원주율과 관련된 값이다. 기관총을 10만 발쯤 갈기고, 원안에 들어온 총알의 수를 세는 것은 사람이 하기에는 피곤한 일이지만 컴퓨터 프로그램을 작성하는 입장에서는 명령문 두 줄과 반복문 한 줄로 간단하게 끝낼 수 있는 과제이다. 이렇게 임의의 값을 흩뿌리고, 그 값이 가질 수 있는 확률 분포를 수많은 반복을 통해 구하는 컴퓨터 알고리즘을 '몬테카를로 기법monte carlo method'이라 한다.

알파고에 내장된 몬테카를로의 도박사

몬테카를로 기법은 미국의 로스앨러모스 국립연구소Los Alamos National Laboratory에서 개발되었다. 제2차 세계대전 중 로버트 오펜하이머가 맨해튼 프로젝트를 지휘하며 원자폭탄을 개발한 연구소다. 이곳에서는 종전 후에도 냉전 시대의 더 강력한 무기 계획으로 수소폭탄을 연구했다. 과학자들은 개발 과정에서 수소폭탄의 콘셉트가 실제로 가능한 것인지 컴퓨터 시뮬레이션으로 검증하고 싶었다. 하지만 1940년대의 컴퓨터로는 정밀한 계산이 불가능했기에 단순하면서도 효율적인 계산 기법이 필요했다. 이 과정에서 수학자 스타니스와프 울람Stanisław Ulam과 존 폰 노이만John von Neumann이 몬테카를로 기법을 고안했다. 몬테카를로라는 이름은 유명한 카지노에서 따온 것이다. 나는 이 작명이 꽤 마음에 들었다. 무작위 값을 이용하여 수렴하는 확률을 계산하는 컴퓨팅 알고리즘은 카지노에서 일생일대의 베팅을 준비하는 도박사의 이미지를 연상시켰기 때문이다.

전산물리 수업 이후 내가 몬테카를로의 이름을 다시 듣게 된 것은 2016년 바둑에 특화된 AI, 알파고AlphaGo가 대중에게 공개됐을 때였다. 바둑은 체스나 장기와는 다르게 한 판 안에 발생할 수 있는 경우의 수가 우주의 관측 가능한 별의 수를 아득히 뛰어넘는 게임이다. 그렇기에 바둑은 알파고가 등장하기 전까지 인간의 직관적 통찰력이 컴퓨터의 계산력을 능가할 수 있는 대표적인 영역으로 여겨져 왔다. 하지만 알파고는 인간 프로 기사를 압도하는 충격적인 능력을 보여줬다. 이세돌이 알파고 초기 버전을 상대로 1승을 거두긴 했지만, 알파고는 그 이후에도 계속 발전하여 이제 인간은 전혀 상대가 되지 않는 경지에 이르렀다. 아무리 컴퓨터라도 우주의 스케일을 넘어서는 바둑의 모든 경우의 수를 계산하고 학습하는 것은 불가능하기에, 나는 알파고의 학습 방법과 작동 원리가 궁금해졌다. 알파고를 개발한 구글 딥마인드 팀에서 발표한 논문과 그것을 설명한 자료들을 조사했다. 그리고 잊고 있었던 그 카지노의 이름을 만나게 되었다.

알파고의 대표적인 알고리즘은 '몬테카를로 트리 탐색'이다. 트리 탐색은 나무가 가지를 뻗듯 한 가지 상황에서 가능한 경우의 수들을 모두 확인하고, 다시 그 계산된 경우의 수에서 뻗어 나갈 수 있는 경우를 새롭게 계산해나가는 방식이다. 하지만 그런 방식으로 탐색하기에 바둑은 가지가 너무 많은 나무였다. 그곳에서 확률적으로 승리 가능성이 낮은 가지를 쳐내고 유용한 가지를 찾기 위해 사용한 방법이 몬테카를로 기법이었다. 즉 가능한 모든 경우의 수를 다 따져보는 것이 아니라, 현재 상황에서 '임의의' 수를 가상으로 두는 것을 반복하면서 승리할 확률을 시뮬레이션해보는 방법이다. 그 과정을 통해 알파고는 승률이 높은 수를 선택해나갈 수 있었다.

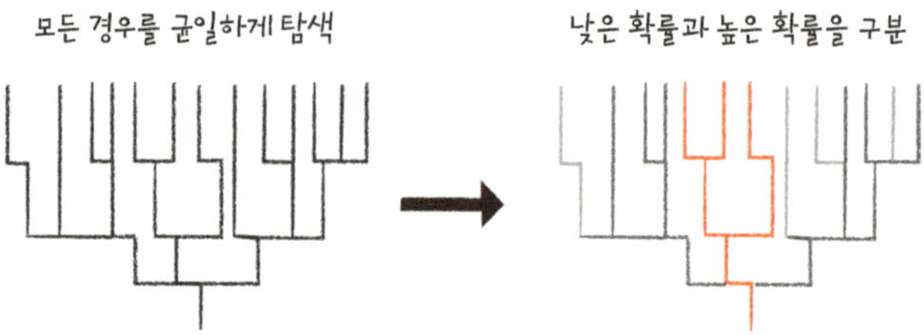

알파고에 내장된 몬테카를로의 도박사는 반복적으로 주사위를 굴려가며 게임에서 이길 확률을 계산한다. 그리고 확률적으로 최선에 가까운 선택을 할 수 있게 된다. 이는 수많은 경우의 수가 존재하는 현실 세계에서, 일어날 가능성이 높은 경우의 수를 우선적으로 파악해보는 시뮬레이션에 적합한 알고리즘이다. 해당 알고리즘은 인류의 전유물로 여겨졌던 복잡한 변수가 있는 상황에서의 통찰력을 AI가 가질 수 있게 해주었다. AI는 알파고의 등장 이후 무서운 속도로 발전하여 이제 인간과 구별이 되지 않는, 아니 더 월등한 문제 해결력을 보여주게 되었다. 이제 AI는 인간을 초월하는 사고력을 가진 것으로 보인다.

컴퓨터의 가짜 주사위

그런데 한 가지 의문이 들었다. 몬테카를로 기법의 핵심 중 하나는 '임의성'이다. 컴퓨터는 본질적으로 주어진 입력값에 따라 정해진 결과를 뱉어내는 계산기이다. 어떻게 컴퓨터가 임의성이라는 개념을 이해하고 사용할 수 있을까? 컴퓨터에 0과 10 사이의 정수 중 무작위로 숫자 하나를 고르라고 명령했을 때 내뱉는 값이 진정한 의미의 무작위 값일까?

이 문제는 디지털 컴퓨터의 등장 이후 많은 공학자의 골머리를 썩게 한 난제였다. 하지만 공학자들은 늘 그렇듯 방법을 찾아냈다. 공학자들은 컴퓨터에 난수표라는 미리 복잡하게 작성된 숫자 배열을 저장했다. 그리고 컴퓨터는 임의의 값을 불러오라는 명령을 받았을 때 해당 난수표를 정해진 알고리즘대로 꼬아서 출력한다. 더 나아가 미리 작성된 난수표의 패턴이 반복되지 않도록 현실의 여러 변수를 사용하여 난수의 패턴을 뒤섞는다. 예를 들어 1000분의 1초 단위로 시간을 쪼개어 현재 시각을 복잡한 수학 공식에 집어넣고 계산한 뒤, 임의의 숫자를 뽑아낸 '척'하는 것이다.

이 방법은 사람도 본인의 의지로 무언가를 선택하고 싶지 않을 때 활용할 수 있는 방법이다. 지금 당장 짜장면을 먹을지 짬뽕을 먹을지 모르겠다면, 보고 있지 않던 스마트폰을 꺼내 지금 시간을 확인한다. 현재 시각의 분이 홀수라면 짜장면을 고르고 짝수라면 짬뽕을 고르는 식이다. 이렇듯 가짜 임의성이긴 하지만, 난수표와 시간을 이용한 무작위 생성은 몬테카를로 기법 같은 계산 알고리즘에 적용하기에는 충분한 정도의 무작위성일 수 있다. 하지만 여전히 이런 방법은 진정한 의미의 임의성과는 거리가 있어 보인다.

어떤 것을 '임의로 골랐다'는 서술은 그 선택이 어떤 방식을 사용해도 미리 알 수 없어야 한다는 것을 내포한다. 즉 '예측 불가능성'을 가져야 한다. 컴퓨터에 미리 작성되어 있던 난수표, 정확한 시각, 그리고 패턴을 뒤섞는 공식을 알고 있다면, 컴퓨터에 무작위 값을 출력하라고 했을 때 나올 결과값을 정확히 예측할 수 있을 것이다. 컴퓨터는 임의성을 가지고 있는 '척'은 할 수 있어도 실제로 그렇진 않다. SF 영화 〈매트릭스The Matrix〉(1999)도 이러한 통찰을 기반으로 하고 있다. 영화 속 세계에서는 인공지능이 매트릭스라는 가상현실을 만들어 인류의 정신을 그곳에 가두고 통제한다. 하지만 아무리 완벽한 시뮬레이션을 구축해도 항상 어떤 오류들이 발생한다. 그러한 오류의 산물이 주인공 '네오' 같은 존재를 만들어내며 결국 시뮬레이션은 붕괴하게 된다. 정교한 가상현실이라도 인공지능이 인간 정신의 임의성은 예측하지 못했기 때문에 발생한 현상이다.

〈매트릭스〉 속 인공지능은 이러한 문제를 해결하기 위해 '오라클'이란 존재를 만들어낸다. 오라클은 인간의 임의성을 모방한 프로그램이며 일종의 통찰력을 가진 것으로 묘사된다. 하지만 실제 컴퓨터가 가지는 임의성이 진정한 것이 아님을 고려할 때, 영화 속 오라클의 통찰력에도 한계가 있었으리라. 어떠한 것을 무작위적으로 선택할 수 있는 능력은 아마 AI가 따라잡을 수 없는 인류 고유의 영역처럼 보인다. 이런 관점에서, 몬테카를로의 도박사가 가진 자유의지는 인류 최후의 보루이다.

그런데 이것이 사실일까? '자유의지'란 실존할까? 실존한다면 어디에서 오는 것이고 AI는 영영 그러한 것을 가질 수 없을까? 자유의지의 문제는 수천 년간 철학적으로 논쟁된 개념이며, 나 역시 여기에서 그 답을 내릴 수는 없을 것 같다. 하지만 자유의지에 대한 문제를 '양자역학'적으로 보는 입장이 있다. 그리고 나는 양자역학이 자유의지나 의식을 증명한다고 생각하진 않지만, 인간의 정신 활동이 임의성을 가질 수 있다는 관점에는 동의하는 편이다.

우리의 선택도 무작위적인 건 아닐까?

양자역학은 매우 작은 미시 세계에서 일어나는 현상을 기술하는 데 특화된 물리법칙이다. 일반적으로 우리가 경험하는 현실에서는 물체의 위치나 운동을 명확하게 알 수 있는 것처럼 보이지만, 미시 세계에선 그렇지 않다. 원자나 그것을 구성하는 전자와 같은 미시 입자들의 거동은 확률적으로만 파악할 수 있다. 미시 세계에서 우리가 알 수 있는 것은 오로지 확률뿐이다. 이 말이 이상하게 들릴 수 있지만, 양자역학의 등장 이후 100여 년간 이루어진 수많은 실험의 결과는 이것이 사실임을 증명하고 있다. 전자는 여기에 존재할 수도, 저기에 존재할 수도 있으며, 근처의 다른 입자와 상호작용할 수도, 그렇지 않을 수도 있다. 이것도 맞고 저것도 맞을 수도 있다는 식의 말장난은 아니다.

양자역학은 인류 역사상 가장 정확도가 높은 이론이며, 주변 입자들의 분포를 고려하여 특정 입자의 상태와 상호작용의 '확률'을 정확히 구할 수 있다. 여기서 중요한 점은 확률 자체는 정확히 구할 수 있지만, 양자적인 미시 입자의 상태는 진정한 의미의 임의성을 가질 수 있다는 점이다. 미시 입자의 상태는 우리가 실제로 관측하기 전에는 정확하게 알 수 없다. 많은 입자를 반복적으로 관측하다 보면 확률적으로 가장 가능성이 높은 상태를 취하는 경우의 수가 가장 많긴 하겠지만, 여전히 관측하지 않은 입자의 상태는 순수한 임의성의 영역에 있다.

영국의 이론물리학자인 로저 펜로즈는 이러한 양자적 성질이 우리 의식의 근간이라고 주장한다. 우리 뇌 속의 전기적 신호들은 양자역학을 따르는 미세한 이온들과 전자들의 흐름으로 형성되며, 이러한 양자-전기적 신호의 창발 현상이 인간의 의식과 자유의지의 근간이라는 것이다. 이 가설은 실험적으로 검증되기 어려우며 과학의 영역이라기에는 애매한 점이 많다. 즉 주류 학계의 정설은 아니다. 나 역시 이것이 의식이나 자유의지의 실존 여부를 증명하는 이론은 아니라고 생각한다.

하지만 나는 인간의 두뇌 활동—신경세포 간의 전기적 현상—이 양자역학의 법칙을 따를 것이며 그에 따른 두뇌 활동의 진정한 임의성이 존재할 수 있다고 본다. 두뇌의 사고와 그 결과로 나타나는 행동은 신경세포 간의 연결 방식이 좌우한다. 그리고 그 연결을 통해 전파되는 전기신호는 양자역학적 확률에 따라 그 상태가 결정된다. 양자역학적 확률은 진정한 의미의 임의성을 가지고 있다. 그렇다면 내가 점심으로 짜장면을 시킬지 짬뽕을 시킬지 결정하는 신경세포 간의 전기적 활성은 양자역학적으로 순수한 임의적 결정에 가깝다. 그리고 이것이 맞다면, 두뇌 활동은 입력값에 따라 매번 정확히 같은 반응을 보여주는 프로그램이 아니다. 이런 관점에서, 인간의 두뇌 활동과 디지털 컴퓨터의 작동은 다르다. 컴퓨터 알고리즘이 아무리 복잡하게 설계되더라도—아무리 무작위 값과 유사한 결과를 내뱉는 척하더라도—그것이 입력에 따라 미리 정해진 출력값을 내뱉는 시스템인 이상 우리의 점심 메뉴를 완벽하게 무작위로 골라주지는 못한다.

진짜 주사위를 가지게 된 '양자' 컴퓨터

우리가 현재 주로 사용하는 디지털 컴퓨터는 반도체를

이용해 신호를 처리한다. 물론 반도체 자체는 양자역학의 원리에 의해 작동한다. 하지만 일반적인 디지털 컴퓨터가 반도체를 이용해 전기신호를 처리하는 방식은 전혀 양자적이지 않다. 오히려 일종의 고전적 전기 스위치에 가깝다. 이 전기적 스위치를 '트랜지스터transistor'라고 부른다. 트랜지스터는 켜져 있으면 반대편에서 오는 전기신호를 통과시키고, 꺼져 있으면 막는다. 그렇기에 입력된 신호와 저장된 프로그램의 처리 논리에 의해 정해진 결과값만을 뱉어낼 뿐이다. 이곳에는 임의성이 개입할 여지가 없다.

그런데 최근 새로운 종류의 컴퓨터가 등장하고 있다. '양자 컴퓨터quantum computer'다. 이것의 동작 원리는 고전적인 트랜지스터의 스위치 개념과 전혀 다르다. 양자 컴퓨터 내부의 스위치는 양자적인 원리로 작동한다. 켜져 있을 수도, 꺼져 있을 수도, 두 상태가 중첩된 채로 있을 수도 있다. 입력값을 받은 양자 스위치는 결과값의 확률의 분포를 출력한다. 양자 컴퓨터가 확률의 분포를 출력한다는 점은 다시 그 카지노의 이름을 상기시킨다. 앞서 살펴봤듯, 몬테카를로 기법은 임의의 값을 흩뿌리고, 그 값이 가질 수 있는 확률 분포를 수많은 반복을 통해 구하는 계산 알고리즘이다. 즉 양자 컴퓨터는 수많은 몬테카를로의 도박사를 부리는 도구이다. 이 도박사는 고전 컴퓨터의 가짜 임의성이 아닌 양자역학적으로 순수한 임의성을 가지고 주사위를 굴린다. 양자 컴퓨터는 양자역학에 기반을 둔 확률 시뮬레이션을 구동할 수 있는 기계다.

물론 아직 갈 길이 멀다. 인류가 수십 년간 발전시켜온 디지털 컴퓨터의 계산 알고리즘과 프로그램은 양자 컴퓨터에서 그대로 사용하지 못한다. 근본적인 동작 원리에 차이가 있기 때문이다. 아직 양자 컴퓨터는 소인수분해 같은 특정 알고리즘 처리에만 강점을 보인다. 하지만 역사를 돌이켜볼 때—고전적인 컴퓨터와 소프트웨어의 폭발적인 발전 속도를 참고하면—활용 가능한 수준의 양자 컴퓨터 개발은 그리 먼 미래가 아닐 수 있다. 많은 사람은 양자 컴퓨터가 소인수분해를 기반으로 한 현재 암호 체계를 무력화시킬 가능성을 걱정한다. 이와 반대로 어떤 사람들은 '소인수분해 말고 양자 컴퓨터가 할 수 있는 게 아직 없다'며 시기상조인 기술이라는 의견을 가지고 있다. 나의 입장은 위의 두 부류와는 결이 조금 다르다. 양자 컴퓨터의 중요성은 단순히 결과값을 계산하는 데 있는 것이 아니다. 그 본질은 양자역학적인 확률 시뮬레이션을 구동할 수 있다는 점이다.

기존의 컴퓨터는 가질 수 없던 진정한 임의성의 구현을 양자 컴퓨터는 정복할 수 있을까? 그리고 이런 상황에서 인간의 사고가 지니는 가치는 변화할까?

위의 마지막 의문이 내가 글을 남기는 이유다. 살아가며 수많은 생각이 떠오른다. 그것이 두뇌가 기계적으로 형성한

의식이란 환상이든, 자유의지의 결과이든, 생성된 방식은 중요치 않다. 그것이 온전히 나의 것이 되었다는 점과 떠올린 과정에서 느낀 감정이 그 가치를 부여한다. 머릿속 몬테카를로의 도박사가 생각의 주사위를 굴리는 과정은 언제나 흥미로웠다. 그리고 일단 주사위가 던져지면 나는 어떤 생각이든 정신없이 빠져들었다. 양자 컴퓨터 속 AI가 이런 재미를 알기 전에 이 글을 완성했다면, 그것으로 충분하다.

참고문헌

1. 대머리의 수학적 정의

1 움베르토 에코, 세상의 바보들에게 웃으면서 화내는 방법(How to Travel with a Salmon, 1992), 열린책들(2009).

2 게리 스미스 등, 나는 의심한다, 고로 존재한다, 바다출판사(2025).

2. 빛의 속도는 충분히 빠른가?

3 Maria J. Sedano et al., Muscle MRI in severe Guillain-Barré syndrome with motor nerve inexcitability, Journal of Neurology(2013).

4 Oliver Carson, How Fast is Human Reaction Time?, PubNub(2024).

5 Shep Doeleman, EHT Status Update, December 15 2017, https://eventhorizontelescope.org(2017).

6 정태현, 블랙홀 사진 찍기: 초장기선 전파간섭계, https://horizon.kias.re.kr(2019).

3. 요즘 것들이 버릇없는 과학적인 이유

7 Ann. S. Masten, Resilience in children threatened by extreme adversity: frameworks for research, practice, and translational synergy, Development and Psychopatholog(2011).

8 Giovanni Cioni et al., Perinatal brain damage in children: Neuroplasticity, early intervention, and molecular mechanisms of recovery, Progress in Brain Research(2011).

9 Tao Lu et al., Gene regulation and DNA damage in the ageing human brain, Nature(2004).

4. 힙스터에 관한 수학적 고찰

10 조던 엘런버그, 틀리지 않는 법(How Not to Be Wrong, 2014), 열린책들(2016).

11 Amos Tversky, and Daniel Kahneman, Judgment under Uncertainty: Heuristics and Biases, Science(1974).

12 대니얼 카너먼, 생각에 관한 생각(Thinking, Fast And Slow, 2011), 김영사(2018).

13 Eric Neyman, An elegant proof of Laplace's rule of succession, Unexpected Values(2020).

14 김송규, 데이터는 예측하지 않는다, 좋은습관연구소(2024).

5. 쉬운 체중 감량법, 상대성 이론을 곁들인

15 로버트 L. 월크, 아인슈타인이 이발사에게 들려준 이야기(What Einstein told his Barber, 2000), 해냄(2001).

16 Stephen T. Thornton, and Jerry B. Marion, Classical dynamics of particles and systems, 5th ed., Thomson(2003).

17 Herbert Goldstein et al., Classical Mechanics, 3rd ed., Pearson(2001).

6. 나는 왜 여자친구가 없을까?

18 David Gale, and Lloyd Shapley, College Admissions and the Stability of Marriage, The American Mathematical Monthly(1962).

19 Peter Backus, Why I don't have a girlfriend: An application of the Drake Equation to love in the UK, University of Warwick(2010).

20 Thomas S. Ferguson, Who Solved the Secretary Problem?, Statistical Science(1989).

7. '눈에는 눈, 이에는 이'의 과학적 정당성

21 로버트 액설로드, 협력의 진화(The Evolution of Cooperation, 1984), 시스테마(2024).

8. 눈먼 돈을 버는 방법

22 하산 미나즈 제작, 이런 앵글(Patriot Act with Hasan Minhaj), 넷플릭스(2018).

9. 물리학자가 지옥에 갈 확률

23 마이클 슈어 제작, 굿 플레이스(The Good Place), 넷플릭스(2016).

24 마크 뷰캐넌, 우발과 패턴(Ubiquity: Why Catastrophes Happen, 2002), 시공사(2014).

25 Lucas Chancel et al., World Inequality Report, World Inequality Lab(2022).

10. 돈을 건 내기에서 늘 이기는 방법

26 캐시 오닐, 대량살상 수학무기(Weapons of Math Destruction, 2016), 흐름출판(2017).

27 권용진, 인공지능 투자가 퀀트, 카멜북스(2017).

11. 족보의 진실

28 Jotun Hein, Human evolution: pedigrees for all humanity, Nature(2004).

29 Douglas L. T. Rohde et al., Modelling the recent common ancestry of all living humans, Nature(2004).

30 J.E. Pattison, Estimating inbreeding in large, semi-isolated populations: Effects of varying generation lengths and of migration, American Journal of Human Biology(2007).

12. 역사에 이름을 남기는 방법

31 Daniel Joseph Boorstin, The image: A guide to pseudo-events in America, Vintage(1962).

32 Malcolm Muggeridge, Muggeridge Through The Microphone, BBC(1967).

33 Neal Gabler, Toward a New Definition of Celebrity, The Norman Lear Center(2001).

13. 인공지능은 역사학자의 꿈을 꾸는가?

34 Sara Stabil et al., A computational platform for the virtual unfolding of Herculaneum Papyri, Scientific Reports(2021).

35 Ian Sample, Researchers use AI to read word on ancient scroll burned by Vesuvius, The Guardian(2023).

36 필립 K. 딕, 안드로이드는 전기양의 꿈을 꾸는가?(Do Androids Dream of Electric Sheep?), Doubleday(1963).

37 리들리 스콧 감독, 블레이드 러너(Blade Runner), Warner Bros(1982).

38 드니 빌뇌브 감독, 블레이드 러너 2049(Blade Runner 2049), Warner Bros(2017).

14. 과학자를 화나게 하는 방법

39 앨런 소칼, 장 브리크몽, 지적 사기(Fashionable Nonsense, 1997), 민음사(2000).

40 앨런 차머스, 과학이란 무엇인가?(What Is This Thing Called Science?, 1976), 서광사(2003).

15. 멍청함의 팬데믹을 막는 방법

41 디트리히 본회퍼, 저항과 복종(Widerstand und Ergebung) 중 어리석음에 관하여(Von der Dummheit)(1951).

42 카를로 M. 치폴라, 인간의 어리석음에 관한 법칙(Allegro ma non troppo, 1988), 미지북스(2019).

43 필리프 슈테르처, 제정신이라는 착각(Die Illusion der Vernunft, 2022), 김영사(2023).

44 리처드 도킨스, 눈먼 시계공(The Blind Watchmaker, 1986), 사이언스북스(2004).

16. 인류 멸망에 대비한 부동산 투기법

45 토머스 쿤, 과학혁명의 구조(The Structure of Scientific Revolutions, 1962), 4판, 까치(2013).

46 재레드 다이아몬드, 총, 균, 쇠(Guns, Germs, and Steel, 1997), 문학사상(2005).

47 이동민, 기후로 다시 읽는 세계사, 갈매나무(2023).

48 해양환경공단, 해수면 상승 시뮬레이터, https://www.koem.or.kr/simulation/gmsl/rcp45.do

17. 얼음물과 몰디브 여행

49 국립 기상과학원, 전지구 기후변화 전망보고서(2020).

50 David Halliday et al., Fundamentals of Physics, 10th ed., Wiley(2013).

18. 데우스 엑스 마키나

51 Thomas G. Chondros et al., "Deus-Ex-Machina" reconstruction in the Athens theater of Dionysus, Mechanism and Machine Theory(2013).

52 허버트 조지 웰즈, 우주전쟁(The War of the Worlds), Pearson's Magazine(1898).

53 윌리엄 골딩, 파리대왕(Lord of the Flies), Faber and Faber(1954).

54 아이작 아시모프, 최후의 질문(The Last Question), Science Fiction Quarterly(1956).

55 테드 창, 숨(Exhalation), 엘리(2019).

56 Stephen Blundell, and Katherine M. Blundell, Concepts in Thermal Physics, Oxford University Press(2006).

57 Roger Penrose, Before the Big Bang: An Outrageous New Perspective and its Implications for Particle Physics, Proceedings of the EPAC(2006).

19. 어느 물리학자의 묘비명

58 이언 스튜어트, 아름다움은 왜 진리인가(Why Beauty Is Truth, 2007), 승산(2010).

59 김상욱, 떨림과 울림, 동아시아(2018).

20. 몬테카를로의 도박사

60 David Silver et al., Mastering the game of Go with deep neural networks and tree search, Nature(2016).

61 앤디 워쇼스키, 래리 워쇼스키 감독, 매트릭스(The Matrix), Warner Bros(1999).
62 더글러스 호프스태터, 괴델, 에셔, 바흐(Gödel, Escher, Bach, 1979), 까치(2018).
63 로저 펜로즈, 황제의 새마음(The Emperor's New Mind, 1989), 이화여자대학교출판문화원(2022).
64 Richard Feynman, Simulating Physics with Computers, International Journal of Theoretical Physics(1982).
65 Seth Lloyd, Universal Quantum Simulators, Science(1996).
66 Frank Arute et al., Quantum supremacy using a programmable superconducting processor, Nature(2019).

이런 과학 처음이야

초판 1쇄 발행 2026년 1월 30일

지은이 이한결
기획 김은수
책임편집 정일웅
디자인 이상재

펴낸곳 (주)바다출판사
주소 서울시 서대문구 신촌로3길 15 6층
전화 02-322-3675(편집) 02-322-3575(마케팅)
팩스 02-322-3858
이메일 badabooks@daum.net
홈페이지 www.badabooks.co.kr

ISBN 979-11-6689-392-6 03400